机械发明的故事
古代机械和蒸汽技术革命
第二版

周湛学 编著

升级版

JIXIE
FAMING
DE
GUSHI

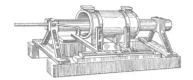

化学工业出版社
·北京·

内容简介

"机械发明的故事（升级版）"是介绍机械发明基本知识、发展历程及科学家故事的科普读物，分为"古代机械和蒸汽技术革命"和"电力技术革命"两个分册，按照两次工业革命的时间顺序描写了在人类历史的长河中科学家们伟大的机械发明和创造带给人类一次又一次震撼的故事。

本分册为"古代机械和蒸汽技术革命"。第一篇为古代机械的发明与发现，主要介绍了杠杆原理、电磁发现、齿轮、翻车、水磨、纺车、地动仪、指南车、水运仪象台、机械钟、望远镜、显微镜、摩擦起电机等机械发明、发现及科学家的故事。第一次工业革命的标志是蒸汽机的发明及广泛应用，第二篇围绕第一次工业革命，主要介绍了纽科门蒸汽机、纺纱机、镗床、瓦特蒸汽机、蒸汽机船、蒸汽机车、车床、轧棉机、测长机和滚齿机、计算机、自行车、缝纫机、热气机等发明、发现及科学家的故事。

本书融技术性、知识性和趣味性于一体，语言简明、通俗，深入浅出，配有大量的插图，让版面更活泼、阅读更有趣、学习更轻松，以此激发广大青少年和机械发明爱好者对机械知识的学习兴趣和探索精神。

图书在版编目（CIP）数据

机械发明的故事：升级版：古代机械和蒸汽技术革命 / 周湛学编著. —2版. —北京：化学工业出版社，2022.1
ISBN 978-7-122-40254-7

Ⅰ.①机… Ⅱ.①周… Ⅲ.①机械 - 普及读物 Ⅳ.①TH-49

中国版本图书馆CIP数据核字（2021）第226668号

责任编辑：王清颢　张兴辉	文字编辑：温潇潇　陈小滔
责任校对：王鹏飞	装帧设计：程　超

出版发行：化学工业出版社（北京市东城区青年湖南街13号　邮政编码100011）
印　　装：高教社（天津）印务有限公司
787mm×1092mm　1/16　印张18¼　字数254千字　2024年4月北京第2版第1次印刷

购书咨询：010-64518888　　　　　　　　　　售后服务：010-64518899
网　　址：http://www.cip.com.cn
凡购买本书，如有缺损质量问题，本社销售中心负责调换。

定　价：79.80元　　　　　　　　　　　　　　　　版权所有　违者必究

前言 preface

  自人类诞生以来就从来没有停止过探索的脚步。人类运用自己的聪明与智慧，在与大自然的周旋中渐渐了解到了自然的奥秘，于是不再满足自己微薄的力量，开始从自然界中探寻更多的奥秘，发现更多的能为自己所用的东西。随着时间的流逝，人类取得了许多重要的突破，不仅能使用人力、畜力等自然界直接摆在我们面前的力量，更能使用一些被自然界深深隐藏起来的力量。我们获得力量的标志，就是工业革命，而这样的革命在人类历史上已出现三次。"机械发明的故事（升级版）"共两个分册三篇，以机械发明为主线，描述了在人类历史的长河中科学家们伟大的发明和创造带给人类一次又一次震撼的故事。

  第1分册为"古代机械和蒸汽技术革命"，共两篇。第1篇描述了古代机械的发明与应用。古代机械史是指18世纪欧洲工业革命之前人类创造和使用机械的历史。机械始于工具，工具是简单的机械。约公元前230年，希腊的阿基米德创制螺旋提水工具。东汉以后出现了记里鼓车和指南车。记里鼓车有一套减速齿轮系，通过鼓镯的音响分段报知里程。三国时期，马钧所造的指南车除用齿轮传动外，还有自动离合装置，在技术上更胜记里鼓车一筹。自动离合装置的发明，说明传动机构齿轮系已发展到相当高的程度。东汉时已有不同形状和用途的齿轮和齿轮系，有大量棘轮，也有人字齿轮。特别是在天文仪器方面已有比较精密的齿轮系。张衡利用漏壶的等时性制成水运浑象仪，以漏水为动力，通过齿轮系使浑象仪每天等速旋转一周。132年，张衡创制了世界上第一台地动仪。汉代纺织技术和纺织机械也不断发展，织绫机已成为相当复杂的

纺织机械。到三国时期，马钧将50综50蹑和60综60蹑的织绫机改成了50综12蹑和60综12蹑，提高了生产效率。马钧还创制了新式提水机具翻车，能连续提水，效率高又十分省力。东汉时期，杜诗发明冶铸鼓风用水排。魏晋时期，杜预发明由水轮驱动的连机碓和水转连磨。南北朝时，綦毋怀文对灌钢法进行了重大改进和完善。北宋时期，中国的苏颂、韩公廉制成带有擒纵机构的水运仪象台。南宋时期，中国已有水转大纺车。1350年，意大利的丹蒂制成机械钟，以重锤下落为动力，用齿轮传动。1650年，德国的盖利克发明真空泵，1654年他在马德堡演示了著名的马德堡半球实验，首次显示了大气压的威力。1656～1657年，荷兰的惠更斯创制单摆机械钟。17世纪，荷兰的列文虎克做出了早期最出色的显微镜。

第2篇为人类进入了蒸汽机时代。18世纪60年代，第一次工业革命在英国爆发。1764年，纺织工哈格里夫斯发明了珍妮纺织机，珍妮纺织机的出现首先在棉纺织业引发了发明机器、进行技术革新的连锁反应，揭开了工业革命的序幕。后来，在棉纺织业中出现了骡机、水力织布机等先进机器。不久，在采煤、冶金等许多工业领域，也都陆续使用了机器生产。

1785年，瓦特制成的改良型蒸汽机投入使用，它提供了更加便利的动力，得到迅速推广，大大推动了机器的普及和发展。人类社会由此进入了蒸汽机时代。蒸汽机的发明，第一次把机器的强大动力摆在了人类的面前，使人类走上了一条和以前完全不同的道路，动力源不再局限于人和牲畜。

蒸汽机的运用直接推动了各种新式机器的出现，各类工厂都有了动力源，各种工业产品的生产不再局限于人力，因此生产速度大大加快。火车有了动力机器，可以在铁轨上运行了。蒸汽轮船也投入了运行，人类在海上的航行范围变得更加宽广，也更加快捷。另外，蒸汽机的出现也使新的武器装备的制造速度大大加快。

第2分册为"电力技术革命"。19世纪，随着资本主义经济的发展，自然科学研究取得重大进展。1870年以后，各种新技术、新发明层出不穷，并被应用于各种工业生产领域，促进经济进一步发展，第二次工业革命蓬勃兴起，人类进入了电气时代。

法拉第发现的电磁感应现象，为人类利用电能提供了科学依据。19世纪30年代，有实用价值的发电机和电动机已经制成。直流电机供电已

经取代蒸汽动力占据统治地位。电力不仅可以代替蒸汽作为工业动力，而且方便、廉价，推动了一系列新兴工业的发展，带动了一系列提升生活质量、促进社会文明发展的新技术发明。19世纪，美国人莫尔斯发明了电报机、贝尔发明了电话、爱迪生发明了白炽灯，法国人勒普兰斯发明了电影，卢米埃尔兄弟使真正的电影诞生，意大利人马可尼发明了无线电通信技术，等等，使电力可以用于通信照明和文化娱乐。马克思曾预言：蒸汽大王在前一个世纪中翻转了整个世界，现在它的统治到了末日，另一种更加强大的革命力量——电力的火花将取而代之。

19世纪末，科学技术突飞猛进，新技术、新发明、新理论层出不穷。电力广泛应用，电灯亮起来了，电话响起来了，汽车跑起来了。19世纪80年代，德国的卡尔·本茨制造出了世界上第一辆以汽油为动力的三轮汽车。工业生产跃上了一个新的台阶，人类从蒸汽机时代进入到电气时代。

科学技术改变了人类的生活，科学技术的发展在方方面面影响着人类生活。

翻开本书，你可以了解科学家们攀登科学高峰的坚忍不拔的精神，为科学技术贡献毕生精力的高尚情操。通过这些故事我们了解到，每一次工业革命中科技的发展都要靠许许多多科学家和劳动人民的智慧积累。科学的成就是一点一滴积累起来的，唯有长期的积累才能由点滴汇成大海。

创造发明是没有止境的，无数的科学家和劳动人民，前赴后继，不停地进行着发明创造，为人类造福，推动人类社会的进步。创造发明是人类社会进步的阶梯。科学技术发展史是人类认识自然、改造自然的历史，也是人类文明史的重要组成部分。当人类可以飞往宇宙空间，当机器人问世，当智能家电进入万千家庭，大家感慨科学技术改变了人类的生活，让我们的生活更加丰富，科学技术也改变了世界，使人类进入了一个全新的科技时代。

今天科学技术的应用现在遍及各个方面，并蓬勃发展着，科学家们正在为以人工智能、清洁能源、机器人技术、量子信息技术以及生物技术为主的全新技术革命谱写着新的篇章。

"机械发明的故事（升级版）"是介绍机械发明基本知识、发展历程及科学家故事的科普读物，按照两次工业革命的时间顺序，讲述了在人类历史的长河中科学家们伟大的机械发明和创造带给人类一次又一次震撼的故事。它还是有关机械知识、电学知识等一些基本知识的科普读物，融技术

性、知识性和趣味性于一体，向广大青少年读者展示了一个丰富多彩的科学天地，并把这些知识用简明、通俗的语言加以描述或说明，深入浅出，同时配有大量的插图，让版面更活泼、阅读更有趣、学习更轻松。很多故事是我们熟悉的，只有将这些生动的故事一点一滴地传递下去，才会不断地激励人们去创造、去创新，在青少年心中种下科学的种子。

科学的永恒性就在于坚持不懈地寻求，科学就其容量而言，是不会枯竭的，就其目标而言，是永远不可企及的，这也正是我们这代人面临的机遇和挑战。

本书由周湛学编著。部分插图由姜予薇绘制。

由于编著者水平所限，书中难免存在不妥之处，恳请读者批评指正。

编著者

目录

第 1 篇
古代机械的发明与发现

第 1 章　阿基米德的发明 …………………………… 002

第 2 章　电和磁的发现 ……………………………… 009

第 3 章　齿轮的出现 ………………………………… 015

第 4 章　中国古代的机械发明 ……………………… 030

第 5 章　张衡发明了地动仪 ………………………… 041

第 6 章　中国古代机械发明家——马钧 …………… 049

第 7 章　綦毋怀文发明了灌钢技术 ………………… 057

第 8 章　苏颂制造了水运仪象台 …………………… 063

第 9 章　单摆机械钟的创始人 ……………………… 071

第 10 章　机械钟表的前世今生 ……………………… 082

第 11 章　发明望远镜的故事 ………………………… 096

第 12 章　安东尼·列文虎克和显微镜 ……………… 102

第 13 章　揭开电磁学研究的序幕——为"电"命名
　　　　　的人 ………………………………………… 110

第 14 章　摩擦起电机的诞生 ………………………… 121

第 15 章　斯蒂芬·格雷发现了电的传导现象 ……… 133

第 16 章　最初的尝试——两种电荷的发现 ………… 142

第 2 篇

人类进入了蒸汽机时代

第 1 章　纽科门发明了大气活塞蒸汽机 …………… 150

第 2 章　珍妮纺纱机 ……………………………………… 158

第 3 章　水力纺纱机 ……………………………………… 165

第 4 章　世界上第一台真正的镗床是这样诞生的 …… 172

第 5 章　瓦特和他的蒸汽机 …………………………… 180

第 6 章　蒸汽机船"克莱蒙脱"号的诞生 …………… 193

第 7 章　蒸汽机车之父——斯蒂芬森 ………………… 200

第 8 章　现代车床的发明人——亨利·莫兹利 ……… 208

第 9 章　惠特尼与他的发明 …………………………… 219

第 10 章　优秀的机械技师——惠特沃斯 ……………… 229

第 11 章　机械计算机的诞生 …………………………… 238

第 12 章　莱布尼茨的计算机 …………………………… 245

第 13 章　计算机的先驱者——查尔斯·巴贝奇 ……… 250

第 14 章　谁发明了自行车 ……………………………… 257

第 15 章　缝纫机的发明者们 …………………………… 264

第 16 章　斯特林发明了发动机 ………………………… 274

参考文献 ………………………………………………… 283

第 1 篇
古代机械的发明与发现

指南车

第 1 章
阿基米德的发明

公元前287年，阿基米德（图1-1）诞生于希腊叙拉古附近的一个小村庄。他出身贵族，与叙拉古的国王有亲戚关系，家庭十分富有。阿基米德的父亲是天文学家兼数学家，学识渊博，为人谦逊。阿基米德受家庭的影响，从小就对数学、天文学特别是古希腊的几何学产生了浓厚的兴趣。当他刚满十一岁时，借助与王室的关系，他被送到埃及的亚历山大去学习。亚历山大位于尼罗河口，是当时文化贸易的中心之一，那里有雄伟的博物馆、图书馆，而且人才荟萃，被世人誉为"智慧之都"。阿基米德在这里学习和生活了许多年，曾跟很多学者密切交往。他兼收并蓄了东方和古希腊的优秀文化遗产，在其后的科学生涯中为人类做出了重大的贡献。公元前212年，罗马军队入侵叙拉古，阿基米德被罗马士兵杀死，终年七十五岁。阿基米德的遗体葬在西西里岛，墓碑上刻着一个圆柱内切球的图形，以纪念他在几何学上的卓越贡献。

图1-1 阿基米德

阿基米德是古代希腊文明所产生的最伟大的数学家及科学家之一，他在诸多科学领域都做出了突出贡献，赢得了人们的高度尊敬。

● 杠杆原理。阿基米德不仅是个理论家，也是个实践家，他一生热衷于将科学发现应用于实践，从而把二者结合起来。在埃及，公元前1500年左右，就有人用杠杆来抬起重物，不过人们不知道它的道理。阿基米德潜心研究了这个现象并发现了杠杆原理（图1-2）。

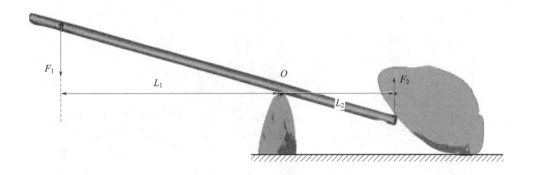

图1-2 杠杆原理

一根在力的作用下可绕固定点转动的硬棒就是杠杆。杠杆原理亦称杠杆平衡条件：要使杠杆平衡，作用在杠杆上的两个力矩（力与力臂的乘积）大小必须相等。即动力 × 动力臂 = 阻力 × 阻力臂，用公式可表达为：

$$F_1 \times L_1 = F_2 \times L_2$$

式中，F_1 表示动力；L_1 表示动力臂；F_2 表示阻力；L_2 表示阻力臂。

● 给我一个支点，我就能撬动整个地球（图1-3）。叙拉古国王对阿基米德的理论一向持半信半疑的态度。他要求阿基米德将他研究的理论运用到实践中，变成活生生的例子以使人信服。阿基米德说："给我一个支点，我就能撬动整个地球。"国王说："你连地球都举得起来，那你还是来帮我拖动海岸上的那条大船吧。"那条船是叙拉古国王为埃及国王制造的，体积大，相当重，因为不能挪动，在海岸上已经搁浅很多天了。阿基米德满口答应下来。他在船的前后左右安装了一套设计精巧的滑轮系统。准备工作完成后，他将一条绳索的一端交到国王手上，国王轻轻拉动绳索，奇迹出现了，大船缓缓地挪动起来，最终下到海里。国王惊讶之余，十分佩服阿基米德，并派人贴出告示："今后，无论阿基米德说什么，都要相信他。"

图1-3 "给我一个支点，我就能撬动整个地球"

● 阿基米德螺旋提水器。阿基米德对于机械的研究源自他在亚历山大求学时期。有一天，阿基米德在尼罗河边散步，看到农民提水浇地相当费力，经过思考之后他发明了一种利用螺杆在水管里旋转，从而把水吸上来的工具——提水器。其工作原理是，螺杆一方面绕本身的轴线旋转，另一方面又沿衬套内表面滚动，于是形成水的密封腔室。螺杆每转一周，密封腔内的水向前推进一个螺距，随着螺杆的连续转动，水从一个密封腔压向另一个密封腔，最后将水吸上来。后世的人叫它"阿基米德螺旋提水器"，一直到几千年后的今天，还有人使用这种器械。后来这个工具成了螺旋推进器的先祖。图1-4为阿基米德螺旋提水器。

图 1-4　阿基米德螺旋提水器

阿基米德利用杠杆原理的故事

阿基米德将自己锁在海边的一间石头小屋里,静心写作《浮体论》。有一天突然闯进来一个人,一进门就忙不迭地喊道:"哎呀呀!您老先生原来躲在这里。此刻国王正撒开人马,在全城四处找你呢。"阿基米德认得他是朝内大臣,心想,外面一定出了大事。他立即收拾起羊皮书稿,伸手抓过一顶圆壳小帽,飞身跳上停在门口的一辆四轮马车,随这位大臣直奔王宫。当他们来到殿前阶下时,看见各种马车停了一片,卫兵们银枪铁盔,站列两行,殿内文武满座,鸦雀无声。国王正焦急地在地毯上来回踱着步子。殿内燃起了高高的烛台,灯下长条几案上摆放着海防图、陆防图。阿基米德看着这一切,就知道他最担心的战争还是爆发了。原来这地中海沿岸在古希腊衰落之后,先是马其顿王朝兴起、衰落,再是罗马王朝兴起。罗马人统一了意大利后向西扩张,遇到了另一强国迦太基。公元前 264 年到公元前 241 年两国一直打仗,这便是历史上有名的"第一次布匿战争",从公元前 218 年开始又打到公元前 201 年,这是"第二次布匿战争",从公元前 149 年打到公元前 146 年,这是"第三次布匿战争",地中海沿岸的两霸就这样长年征战。

阿基米德的祖国——叙拉古，是个夹在迦、罗两霸中的城邦小国，在这种长期的风云变幻中，常常随着两国的胜负而弃弱附强，游移飘忽。在"第二次布匿战争"中，公元前216年，眼看迦太基人将要打败罗马人，国王很快就和罗马人决裂，与迦太基人结成了同盟，罗马人对此举非常恼火。于是，罗马人打了胜仗后，就大兴问罪之师，从海陆两路向这个城邦小国压了过来，国王吓得没了主意。这时他看到阿基米德从外面进来，迎上前去，忙说："亲爱的阿基米德，你是最聪明的人。听先王在世时说过，你都能撬动地球。"

关于阿基米德撬动地球之说，是因为他发现了可以借助杠杆来达到省力的目的，而且发现，手的握点至支点的这一段越长，就越省力气。由此他提出了这样一个定理：力臂和力（重量）的关系成反比例，这就是杠杆原理。

可现在这个小国王并不懂得什么叫科学，他只知道在这大难临头之际，赶快借助阿基米德的神力救他一命。这罗马军队着实厉害。他们作战时列成方队，前面和两侧的士兵用盾牌护着身子，中间的士兵将盾牌举在头上，战鼓一响，这一个个方队就如同现代化的坦克一样，向敌阵步步推进，任你乱箭射来也只不过是把那盾牌敲出无数的响声而已。罗马军队还有特别严的军纪，发现临阵脱逃的就立即处死，士卒立功者晋级，统帅获胜返回罗马时要举行隆重的凯旋仪式。这支军队称霸地中海，所向无敌，哪把一个小小的叙拉古放在眼里。

这时由罗马执政官马赛拉斯统帅的四个陆军军团已经推进到叙拉古的西北。城外已是鼓声齐鸣，喊杀声连天。在这危急关头，阿基米德虽然对因国王目光短浅造成的这场祸害甚是不快，但事已至此，当以国家为重，他扫了一眼沉闷的大殿，捻着银白的胡须说："要是靠军事实力，我们绝不是罗马人的对手。现在要能造出一种新式武器来，或许还可守住城池。"国王一听这话，立即转忧为喜说："先王在世时早就说过，凡是你说的，大家都要相信。这场守卫战就由你全权指挥吧。"

两天之后，天刚破晓，罗马统帅马赛拉斯指挥着他那严整的方阵向护城河逼来。方阵两边还准备了铁甲骑兵，方阵内强壮的士兵肩扛着云梯。马赛拉斯在出发前宣布："攻破叙拉古，到城里吃午饭去。"在喊杀声中，方阵慢慢向前蠕动。按常规，城上早该放箭了，可怎么今天城墙上却是静悄悄地不见一人？也许几天来的恶战叙拉古人已筋疲力尽了吧。罗马人正在疑惑间，城里隐约传来"吱吱呀呀"的响声，接着城头上就飞出大大小小的石块，开始时如碗如拳，以后越来越大，简直如锅如盆，火山喷发般地翻滚下来。石头落在方阵里，士兵们忙举盾来护，哪知石重速急，一下连盾带人都砸扁了。罗马人渐渐支持不住了，连滚带爬地逃命。这时叙拉古的城头又飞出了漫天的利箭，罗马人的背后无盾牌和铁甲，他们只好疯狂逃窜，好不凄惨。

阿基米德到底造出了什么武器使罗马人大败而归呢？原来他制造了一些特大的弩弓——抛石机。这么大的弓，人是根本拉不动的，他用上了杠杆原理。只要用力扳动弩上转轴的摇柄，那与摇柄相连的牛筋又拉紧许多根牛筋组成的粗弓弦，拉到最紧处，再猛地一放，弓弦就能带动载石装置，把石头高高地抛出城外，落到一千多米远的地方。原来这杠杆原理并不只是使用一根直棍撬东西那么简单。比如水井上的辘轳，它的支点是辘轳的轴心，重臂是辘轳的半径，力臂是摇柄，摇柄一定要比辘轳的半径长，打起水来才省力。阿基米德的抛石机用的也是这个原理。他真是把杠杆原理用活了。

就在马赛拉斯败回大本营不久，海军也派人送来了战报。原来，当陆军从西北攻城时，罗马海军从东南海上也发动了攻势。罗马海军原来并不厉害，后来发明了一种接舷钩装在船上，遇到敌船就可以钩住对方，军士跃上敌船，变海战为陆战，奋勇杀敌。今天克劳狄乌斯为对付叙拉古还特意将船包上了铁甲，准备了云梯，号令士兵，只许前进，不许后退。奇怪的是，今天叙拉古的城头却分外安静，墙垛后面不见一卒一兵，只是远远望见直立着几副木头架子。当罗马战船开到城下，士兵们举起云梯正在往墙上搭的时候，突然那些木架上垂下一条条铁链，链头上有铁钩、铁爪，钩住了罗马海军的战船。任士兵们怎样使劲划桨，那船再不能挪动一步。他们用刀砍，用火烧，大铁链分毫不动。正当船上一片惊慌时，只见木架上的木轮又"嘎嘎"地转动起来，接着铁链越拉越紧，船渐渐被吊离了水面，随着船身的倾斜，士兵们被纷纷抛进了海里，桅杆也被折断。船身被吊到半空以后，这个大木架还会左右转动，于是那一艘艘战船就像荡秋千一样在空中悠荡，然后被摔到城墙上，摔到礁石上，成了一堆碎木片。有的被吊过城墙，成了叙拉古人的战利品。这时叙拉古城头还是静悄悄的，没有人弯弓射箭，也没有人摇旗呐喊，只有那件怪物似的木架，伸下一个大钩抓走了战船。罗马人看着这"嘎嘎"作响的怪物，吓得腿软手抖，海上一片哭喊声和落水碰石后的呼救声。克劳狄乌斯在战报中说："我们看不见敌人，就像在和一只木桶打仗。"阿基米德的这件"怪物"原来也是用的杠杆原理，只是又加了滑轮。

你知道吗？

　　杠杆是一种使做功更加容易的装置，是一种被广泛使用的简易机械。跷跷板、剪刀、指甲钳、煤钳、钢琴、停车计时器、钳子和手推车都使用杠杆原理。杠杆原理告诉人们，动力臂大于阻力臂就是省力杠杆，反之则是费力杠杆。

　　经过对工厂的实地参观调查，我们发现杠杆原理在工业中无所不在。从大型吊车到各类机床，都隐含着杠杆原理。在机械运动中，杠杆原理大多运用于联动结构。因为它有省力的优点，所以多以滑轮、驱动杠杆等形式出现。可以说，哪里有运动，哪里就有杠杆。

第 2 章
电和磁的发现

人类最早发现的电现象，应该是每到夏季就会伴随暴风骤雨而来的雷暴。伴随着可怕的闪光、震耳欲聋的巨响，被击中的树木枯焦一片，燃起大火。人们解释不了这种现象。古希腊人摩擦琥珀，发现可以吸引极轻的羽毛，古希腊的哲学家泰勒斯把这一现象记录了下来。

● 泰勒斯。泰勒斯（图2-1）出生于古希腊繁荣的港口城市米利都，生于公元前约624年，卒于公元前547年（或546年）。他是古希腊哲学家和数学家，米利都学派的创始人，古希腊七贤之一，西方思想史上第一个有名字留下来的哲学家。

泰勒斯的家庭属于奴隶主贵族阶级，所以他从小就受到了良好的教育。那时候，整个社会还处于落后的状态，人们对于许多自然现象不理解。但是，泰勒斯对大自然却有着极大的探索兴趣。他对天文学、数学等自然科学有深入的研究，比如他在哲学方面的观点有"水生万物，万物复归于水""万物有灵"；在数学方面的贡献为引入了命题证明的思想，发现了诸如"直径平分圆周"等不少平面几何学的定理，测量并推算出金字塔的高度；在天文学上的成就主要是对太阳

图2-1 古希腊的哲学家泰勒斯

的直径进行了测量和计算,他还在没有任何天文设备的条件下,确定了365天为一年,正确地解释了日食的原因,这些在当时的条件下是很了不起的。这些成就使他被后人誉为人类历史上最早的科学家。

● 最初的发现。有一天,泰勒斯在家休息时,看到桌上有一块美丽的琥珀,这是一种透明的淡黄色的块状物,里面有一只展翅欲飞的小虫栩栩如生。他把琥珀拿起来,为了能更好地看清里面的小虫子就用自己的长袍反复摩擦,让它更加干净、透明,然后再把它放回桌上。突然,泰勒斯发现旁边一片小羽毛向琥珀移动过去,最后粘到了琥珀上,他拿开羽毛,一松手,羽毛还是被琥珀吸过去了。泰勒斯惊喜万分,立即把家人喊来,重复做了几遍,都发生了相同的现象。后来泰勒斯又进行了其他一些有趣的试验,把羊毛和其他一些轻细的物体放在摩擦后的琥珀附近,发现这些物体同样都能被琥珀所吸引。他对其原因进行了一番思考,认为琥珀和磁石对其他物体有吸引力,是因为它们内部有生命力,只是这生命力是肉眼看不见的,由此,泰勒斯得出结论:任何一块石头,看上去冷冰坚硬、毫无生气,却也有灵魂蕴含其中。虽然现在我们都知道琥珀吸引羽毛的原因是摩擦起电,但他的这种观点在当时已经是非常了不起的了!

● 摩擦起电现象。琥珀并不吸引铁,但它有一种香味,如果用手指去摩擦它,它的香味就更加强烈。泰勒斯用长袍摩擦了琥珀,他注意到,琥珀在摩擦之后,能吸引一些东西。但实际上,琥珀吸引的是一些很小的东西,如极轻的绒毛、棉线、羽毛和细小的木屑。这与磁石所起的作用完全不同,摩擦后的琥珀具有另一种吸引力。图2-2所示为泰勒斯用琥珀做试验。

图2-2 泰勒斯用琥珀做试验

为什么经过摩擦之后的琥

珀会吸引轻小的物体呢？泰勒斯当时还无法解释，但是他认识到这是一个很重要的现象，就把它详细地记录了下来。

我国古代对摩擦生电方面的发现和记载也是很多的。东汉初期（公元1世纪）的科学家王充就在他的著作《论衡》一书中写道"顿牟掇芥"，"顿牟"就是玳瑁，是一种跟龟相似的海洋动物的甲壳，"掇芥"就是吸引芥籽的意思，总的意思就是摩擦的玳瑁能够吸引一些轻小的物体。

中国古代一些文章也对类似的现象做过相关记载。西晋张华（232—300年）记述了梳子与丝绸摩擦起电引起的放电及发声现象："今人梳头、脱著衣时，有随梳、解结有光者，亦有咤声"（图2-3）。唐代段成式描述了黑暗中摩擦黑猫皮起电："其毛不容蚤虱，黑者暗中逆循其毛，即若火星"。人类发现了这些现象，但是还不能运用。

● 磁的发现。2500年以前，在现今土耳其的西海岸附近，就有了电的传说。那里有一座城市，名叫马格尼西亚。当地的居民都讲希腊语。在城市的近郊，有一个放羊的牧童。就是他使用一根铁拐杖爬越石头山坡时发现了吸引铁的石头（图2-4）。

图2-3 梳子与丝绸摩擦起电

图2-4 放羊的牧童发现了吸引铁的石头

一天，他拿着铁拐杖，杵着了一块石头。谁知拐杖竟贴在石头上了。难道石头上有什么黏的东西吗？他用手摸了摸，石头一点也不黏，而且除了他的拐杖以外，这块石头其它什么东西也不粘。后来，这个牧童把这块奇特石头的事告诉了别人。

聪明的泰勒斯听说了马格尼西亚城这块石头的事，随后又有人带给他一块这样的石头。这种石头只能吸引铁的东西，别的东西一概不吸引。

泰勒斯将这种石头命名为"马格尼西亚石"。现在我们将这种石头称作"磁石"。泰勒斯感到奇怪：为什么一块没有生命的石头会把一件东西吸引过来呢？他还感到奇怪：为什么这种石头只能吸引铁，是不是还有别的东西也具有这种奇特的能力呢？

后来人们弄清楚了，磁石是很有用处的。一块磁石如果碰上一根铁针，铁针也会变成磁针。于是磁针也能吸引铁的东西。如果将磁针穿在一块软木上，让软木漂浮在水面，或者让它在轴辊上旋转，那么，磁针的一端将指向北方。水手们在看不见陆地时，就利用这种漂浮的磁针来辨别他们航行的方向。

古希腊人和中国人发现自然界中有种天然磁化的石头，称其为"吸铁石"。磁铁不是人发明的，而是有天然的磁铁矿，最早发现及使用磁铁的可能是中国人。磁石吸铁现象，在指南针发明之前就有记载，如《水经注》等书中提到秦始皇为了防备刺客行刺，就曾经用磁石建造阿房宫的北阙门，以阻止身带刀剑的刺客入内。此外医术上还谈到用磁石吸铁的作用来治疗吞针。

我国古籍中关于磁石的记载还要早得多。成书于公元前6世纪的《管子》，就有山上有"慈石"，山下有"铜金"的记载，这是世界上关于磁石的最早记录之一。先秦的一部奇书《山海经》里说，有一条河，"西流注于泑泽，其中多磁石"。可见，古人知道磁石不仅在山上有，水里也有。

把磁石用在指向上，是在发现地磁场对磁石作用之后，并且经历了 3 个发展阶段，最后制成了指南针。最早的磁性指向器叫作司南，人们将磁石制成勺状，把它放在光滑的圆盘上，勺底（球形）与盘底接触，勺柄用来指向。东汉王充在《论衡》中，对司南做了比较详细的描述。他写道："司南之杓，投之于地，其柢指南。"这就是说，把勺状的磁石，放在刻有表示方位的铜盘上，它的柄指向南方。

磁针所指的南北方向与地理的南北方向稍有偏差，世界上最早记述这一现象的人是我国宋代学者沈括，记录在他著的《梦溪笔谈》中，这个发现比西方早了 400 多年。

一端指向北方，另一端则指向南方的磁针（图 2-5），我们称之为"指南针"。1400 年，欧洲的航海家们曾经利用它横越大洋去探寻遥远的陆地。1492 年，如果克里斯托弗·哥伦布的船上没有指南针，想要发现美洲那是极其困难的。

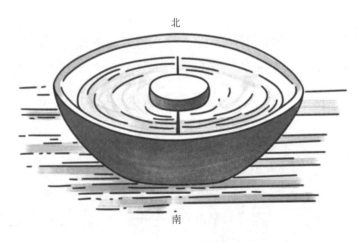

图 2-5 磁针的一端指向北

橄榄的故事

趣闻轶事　　泰勒斯是一个商人，可是他不好好经商，不好好赚钱，老去探索些"没用的事情"，所以他很穷，赚不到钱，他有一点钱就旅行花掉了。因此，有人说哲学家没用、赚不到钱、很穷，当然这个说法可能有杜撰的意思。泰勒斯听到后，没有反驳，而是运用他掌握的知识赚了一大笔钱。他预测出那一年雅典人的橄榄会丰收，就租下了全村所有的榨橄榄的机器，然后在橄榄丰收后趁机抬高了机器使用的价格从而赚了一笔钱，以此来证明哲学家是有智慧的人，只是有更重要的事情要做，有更乐于追求的东西，如果他想赚钱的话，他是可以比别人赚得多的。

● 只顾天空不看脚下的天文学家。泰勒斯有一天晚上走在旷野之中，抬头看看星空，天空满天星斗，可是他根据天象预测出第二天会下雨。正在他看天的时候，脚下有一个坑，他就掉进那个坑里摔了个半死，别人把他救起来，他对那个人说："明天会下雨。"于是又有个关于哲学家的笑话：哲学家是只知道天上的事情不知道脚下发生什么事情的人。但是两千年以后，德国哲学家黑格尔说："只有那些永远躺在坑里从不仰望高空的人，才不会掉进坑里。"而泰勒斯就是代表着希腊智慧的一个人。英国的奥斯卡·王尔德曾经说过："我们都生活在阴沟里，但仍有一些人还在仰望星空。"

● 骡子的故事。泰勒斯是一个商人，商旅生活使他了解到各地的人情风俗，开阔了眼界。他用骡子运过盐。某次，一头骡子滑倒在溪中，盐被溶解掉了一部分，负担减轻了不少，于是这头骡子每过溪水就打一个滚。泰勒斯为了改变这头牲畜的恶习，让它改驮海绵，海绵吸水之后，重量倍增，这头骡子再也不敢偷懒了。

泰勒斯预测到公元前585年发生的日食，并且能够估算船只离岸边的距离，又根据金字塔的阴影计算出其高度。泰勒斯拒绝依赖玄异或超自然因素来解释自然现象，对于科学研究影响深远，因而被历史学者尊称为"科学之父"。数学上的泰勒斯定理以他命名。他对天文学亦有研究，是首个将一年的长度修定为365日的希腊人。他亦曾估算过太阳及月球的大小。

第 3 章
齿轮的出现

齿轮是轮缘上有齿，并能连续啮合传递运动和动力的机械零件。常见的几种类型的齿轮如图 3-1 所示。

直齿轮　　　　斜齿轮　　　　锥齿轮　　　　蜗轮

图 3-1　齿轮

● 齿轮传动。齿轮通过与其他齿状机械零件（如另一个齿轮、齿条、蜗杆）配合实现传动，也就是齿轮轮齿相互扣住，会带动另一个齿轮转动来传送动力。将两个齿轮分开，也可以应用链条（图 3-2）、履带、传动带来带动两边的齿轮以传送动力。两个齿轮互相啮合时，其转动的方向相反，如图 3-3 所示。

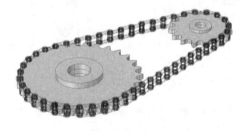

图 3-2　链传动

图 3-3　齿轮传动

齿轮传动是应用最广泛的一种机械传动方式，可实现改变转速和转矩、改变运动方向和改变运动形式等功能，具有传动效率高、传动比准确、功率范围大等优点。

齿轮传动的用途很广泛，是各种机械设备中的重要零部件，如汽车、机床、飞机、轮船、农业机械、建筑机械以及日常生活中都会用到各种齿轮传动。图 3-4 为常用的三种齿轮传动，图 3-5 为齿轮齿条传动，图 3-6 为蜗轮蜗杆传动。

(a) 圆柱齿轮传动　　(b) 锥齿轮传动　　(c) 斜齿轮传动

图 3-4　齿轮传动

图 3-5　齿轮齿条传动

图 3-6　蜗轮蜗杆传动

● 齿轮传动在我们生活中的应用举例。在我们的日常生活中齿轮传动的例子有很多，比如机械手表、闹钟走时机构、电风扇的摇头机构、空调的摆风机构、自行车的链传动和变速机构、洗衣机的变速机构、汽车的变速机构、机床的变速机构、减速器等都用到了齿轮传动。

● 机械表中的齿轮传动。当你打开机械表的后盖时,你就能看到齿轮是怎样进行啮合传动的。图 3-7 所示是机械表走针的传动系统,分针与时针、秒针与分针的传动比均为 60,都是通过二级齿轮传动实现的。从秒针到时针,传动比达到 3600,只用四级齿轮传动就实现了,结构很紧凑。机械表走时传动路线为:秒轮 2 轴→过轮 1→分轮 3→分轮 3 轴→过轮 5→过轮 5 轴→时轮 4。这个例子说明机械表的多级齿轮传动可获得大的传动比。

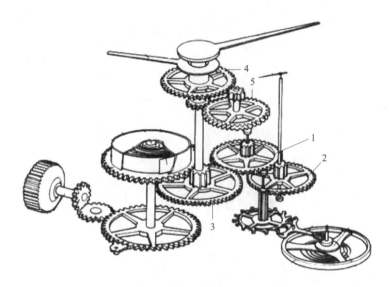

图 3-7 机械表走针的传动系统
1—三轮(过轮);2—四轮(秒轮);3—二轮(分轮);4—时轮;5—过轮

● 电风扇的摇头机构。如图 3-8 所示为风扇摇头机构。该机构把电机的转动转变成扇叶的摆动。曲柄与蜗轮固接,连架杆与蜗杆(电机轴)固接。电机带扇叶转动,蜗杆驱动蜗轮旋转,蜗轮带动曲柄做平面运动,而完成风扇的摇头(摆动)运动。机构中使用了蜗轮蜗杆传动,目的是降低扇叶的摆动速度,模拟自然风。

● 搅拌机的传动机构。如图 3-9 所示为行星搅拌机传动机构。行星搅拌机的传动机构由减速电动机、主动中心轮(内齿轮)、行星轮、固定中心轮、内外啮合行星轮系、连接器、刀片等零部件组成。

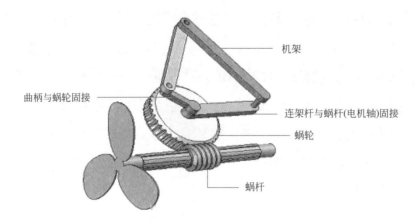

图 3-8　电风扇摇头机构

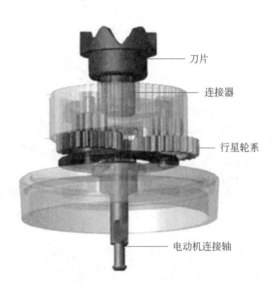

图 3-9　行星搅拌机传动机构

行星搅拌机工作原理。行星搅拌机集打蛋、碎肉、蔬菜切片等功能于一体，其传动装置用来传递原动力机的动力，变换其运动，以实现搅拌机预定的工作要求，是搅拌机的主要组成部分。传动装置采用了行星齿轮传动原理，由电动机直接带动中心轮输出第一转速，用于搅拌功能。经过行星齿轮系传动，转臂通过连接器输出第二种转速，实现碎肉功能。这种传动机构，结构简单紧凑，传动可靠，工艺合理。

● 螺旋千斤顶。如图 3-10 所示,自降螺旋千斤顶的螺纹无自锁作用,装有制动器棘轮组。放松制动器,重物即可自行快速下降,缩短返程时间,但这种千斤顶构造较复杂。螺旋千斤顶能长期支持重物,最大起重量已达 100 吨,应用较广泛。这种机械千斤顶是手动起重工具种类之一,其结构紧凑,合理地利用摇杆的摆动,使小齿轮转动,经一对锥齿轮运转(锥齿轮可以改变力矩的方向,可以把横向运动转为竖直运动),带动螺杆旋转,推动升降套筒,从而使重物上升或下降。

● 变速传动。当主动轴的转速不变时,利用齿轮系可以使从动轴获得多种工作转速,这种传动称为变速传动。汽车、机床、起重机等许多机械都需要变速机构,如图 3-11 所示。

图 3-10　螺旋千斤顶

图 3-11　变速传动

● 汽车中的齿轮变速器机构。齿轮变速器也叫定轴式变速器,它由一个外壳、轴线固定的几根轴和若干齿轮组成,可实现变速、变矩和变旋转方向。

换挡原理:传动比变化,即挡位改变;当动力不能传到输出轴时,这就是空挡。

变向原理:相啮合的一对齿轮旋向相反,每经一对传动副,其转向改变一次,两对齿轮传动,输入轴与输出轴转向一致;如再加一个倒挡轴，变成三对齿轮传递动力，则输入轴与输出轴的转向相反，如图 3-12 所示。

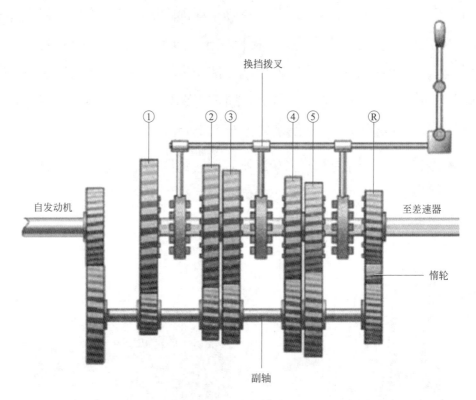

图 3-12　齿轮变速器

①~⑤为 1~5 挡，Ⓡ 为倒挡

● 齿轮传动在车床中的应用。普通车床主轴传动系统的主运动传动链的功能是把动力源（电动机）的运动经传动带传给主轴，使主轴带动工件实现回转的主运动，并使主轴获得变速和换向。主轴的运动是经过齿轮副传给主轴的，改变齿轮的传动，从而改变主轴的转速。要想计算出主轴的转速，必须得知道齿轮的齿数。

● 换向机构。车床走刀丝杠的三星轮换向机构可在主动轴转向不变的条件下，改变从动轴的转向。如图 3-13 所示为三星轮换向机构。

● 分路传动。某航空发动机附件传动系统可把发动机主动轴运动分解成六路传出，带动附件同时工作。利用轮系可以使一根主动轴带动若干根从动轴同时转动,获得所需的各种转速。齿轮分路传动如图 3-14 所示。

图 3-13　三星轮换向机构

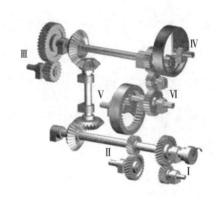

图 3-14　齿轮分路传动

- 合成运动或分解运动。合成运动是将两个输入运动合成为一个输出运动；分解运动是将一个输入运动分解为两个输出运动。合成运动和分解运动可用差动轮系实现,如图 3-15 所示为锥齿轮的差动轮系。图 3-16 为汽车后桥上的差速器。

图 3-15　锥齿轮的差动轮系

图 3-16　汽车后桥上的差速器

- 汽车后桥上的差速器实现运动的分解。差速器使左右车轮能以不同的转速进行纯滚动转向或直线行驶,进而实现转向或直线行驶,把这种特性称为差速特性。主减速器传来的转矩平分给两半轴,使两侧车轮驱动力尽量相等,称为转矩特性。

如图 3-17（a）所示，汽车直线行驶时，小齿轮和侧齿轮保持相对静止。差速器外壳、左右轮轴同步转动，差速器内部行星齿轮只随差速器旋转，没有自转。

如图 3-17（b）所示，汽车转弯行驶时，小齿轮和侧齿轮保持相对转动，使左右轮可以不同转速行驶。由于汽车左右驱动轮受力情况发生变化，反馈在左右半轴上，进而破坏了行星齿轮原来的力平衡，这时行星齿轮开始旋转，使弯内侧轮转速减小，弯外侧轮转速增加，重新达到平衡状态。

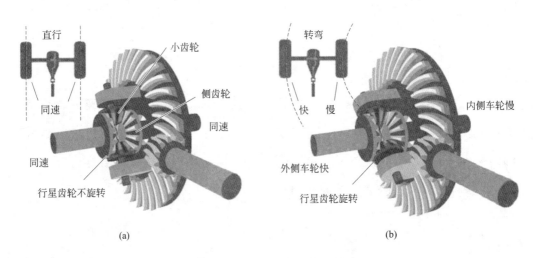

图 3-17　差速器的工作原理

- 减速器中的齿轮传动机构。减速器是一种动力传递机构，是利用齿轮的速度转换器，将电机的回转数减到所要的回转数，并得到较大转矩的机构。减速器传动轴上齿数少的齿轮啮合输出轴上的大齿轮以达到减速的目的。普通的减速器也会用几对相同原理的齿轮啮合来达到理想的减速效果，大小齿轮的齿数之比，就是传动比。一级圆柱齿轮减速器如图 3-18 所示。

图 3-18　一级圆柱齿轮减速器

行星齿轮减速器就是行星轮围绕一个太阳轮旋转的减速器,如图 3-19 所示。

图 3-19　行星齿轮减速器

齿轮传动应用如此之广,例子是举不胜举的。无论是在天上飞行的飞机,在广阔的大地上行驶的汽车,在浩瀚的大海中行驶的轮船,还是我们的生活中使用的各种机器,都离不开齿轮,齿轮的用途真是太大了。那么齿轮是谁发明的呢?

● 齿轮的发明者。齿轮的发明者现已无确切信息,据说在古希腊时代关于齿轮人们就有了很多设想。古希腊著名学者亚里士多德和阿基米德都研究过齿轮。希腊有名的发明家古蒂西比奥斯在圆板工作台边缘均匀地插上销子,使它与销轮啮合,并把这种机构应用到刻漏上,这大约是公元前 150 年的事。在公元前 100 年,古罗马发明家希罗发明了里程计,在里程计中使用了齿轮。公元前 1 世纪,罗马的建筑家维特鲁维亚斯制作的水车式制粉机上也使用了齿轮传动装置。这是最早的具体记载的使用齿轮的动力传递。到 14 世纪,开始在钟表上使用齿轮。15 世纪的大艺术家达·芬奇发明了许多机械,也使用了齿轮。但这个时期的齿轮与销轮一样,齿与齿之间不能很好地啮合。这样,只能加大齿与齿之间的空隙,而这种过大的间隙必然会产生松弛的现象。

人类对齿轮的使用源远流长，据大量的出土文物和史书记载，我国是应用齿轮最早的国家之一。在河北武安午汲古城遗址中，发现了直径约80毫米的铁齿轮，经研究确定为战国末期到西汉（公元前3世纪至公元24年）间的制品；在山西永济市蘖家崖出土的器物中，有直径为25毫米、40齿的青铜棘齿轮，经研究确定为秦代至西汉（公元前221年~公元24年）间的物品；陕西长安区红庆村出土了一对直径为24毫米、齿数都为24的青铜人字齿轮，据分析系东汉初年（公元1世纪）物品。

东汉南阳太守杜诗发明了冶铸鼓风用的"水排"，如图3-20所示。其原理是在激流中置一木轮，然后通过轮轴、拉杆等机械传动装置把圆周运动变成直线往复运动，以此达到起闭风扇和鼓风的目的。水排中应用了齿轮和连杆机构。

东汉张衡（78—139年）制作的水运浑象仪用精铜铸成，主体是一个球体模型，代表天球。球体可以绕天轴转动。张衡又利用当时已得到发展的机械方面的技术，巧妙地把计量时间用的漏壶与浑象仪联系起来，即以漏水为原动力，并利用漏壶的等时性，通过齿轮系的传动，使浑象仪每日均匀地绕轴旋转一周。水运浑象仪原理如图3-21所示。

图3-20 东汉的水排

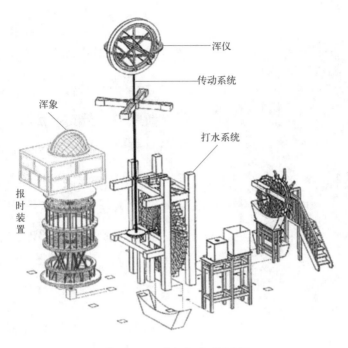

图 3-21　水运浑象仪原理

三国时出现的记里鼓车，如图 3-22 所示，已有一套减速齿轮系统。马钧所制成的指南车（235 年），如图 3-23 所示。除有齿轮传动外，还有离合装置，实际上它是现代车辆上离合器的先驱。这说明我国古代对齿轮系统的应用在当时世界上居于领先地位。

图 3-22　记里鼓车

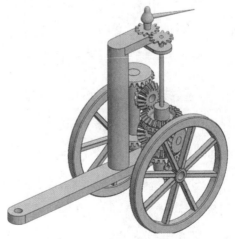

图 3-23　指南车齿轮传动系统

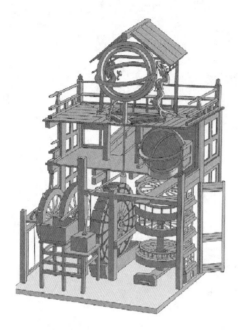

图 3-24 水运仪象台结构

晋代的杜预发明了水轮驱动的水转连磨,其中应用了齿轮系的原理。

史书中关于齿轮传动的最早记载,是《新唐书·天文志》僧一行、梁令瓒在唐开元十三年(725年)制造的水运浑仪。《新仪象法要》详细记载了苏颂、韩公廉等人于北宋元祐三年(1088年)制造的水运仪象台,该水运仪象台规模巨大,已有了一套比较复杂的齿轮传动系统,如图 3-24 所示。

● 科学引领齿轮技术高速发展。蒸汽机的出现掀开了工业革命的伟大篇章,人类从未如此深刻地感觉到人力的渺小。机械动力的巨大力量让人们感到震惊。动力的问题解决之后,机械机构的设计日新月异,齿轮也不例外。齿轮机构实际上是一种动力机构,基本的用途在于改变运动的速度和方向。相对于其他动力机构,齿轮能够传输的功率更大,安全性更高,使用寿命更长,因此齿轮在工业中得到广泛应用。

早期齿轮并没有齿形和齿距的规格要求,因此连续转动的主动轮往往不能使从动轮连续转动。为了使齿轮啮合得更精确,数学家们也参与了齿轮的研究工作,希望通过计算的方法得到齿轮的形状。

● 摆线齿轮的出现。17 世纪以前的齿轮,运转是不等速的。1674 年,丹麦天文学家罗默提出外摆线齿形能使齿轮等速运动。1694 年,法国学者海尔在巴黎科学院做了"摆线轮"的演讲,提出"外摆线齿形的齿轮与点齿轮或针轮啮合时是等角速度运动"的观点;1733 年,法国数学家卡米对钟表齿轮的齿形进行了研究,提出了著名的"啮合基本理论定理"即"Camus 定理";1832 年,英国里德认为"某一给定齿数的齿轮,当它与不同齿数的齿轮啮合时,其齿形应是各不相同的",首次提出了互换性问题。19世纪中叶,英国威利斯提出节圆外侧和内侧分别采用外摆线和内摆线的复合摆线齿形,摆线滚动圆与齿数无关,这种齿形不管齿数多少都能正确啮合,是具有互换性的。不久,市面上开始出售根据这种齿形设计的成形铣刀,从而使摆线齿轮普及全世界。时至今日,虽然渐开线齿轮占大多数,但摆线仍用作摆线针轮行星减速器中齿轮和罗茨轮等的齿形曲线,而钟表中齿轮仍然是复合摆线齿形。

摆线齿轮(图3-25)的齿廓为各种摆线或其等距曲线的圆柱齿轮的统称,摆线齿轮的齿数可以很少。摆线齿轮常用在仪器仪表中,较少用作动力传动。其派生形式摆线针轮减速器(图3-26)则应用较多。

图3-25 摆线齿轮   图3-26 摆线针轮减速器

● 渐开线齿轮的出现。用渐开线作为齿轮齿廓曲线,最早是法国学者海尔于1694年在一次以"摆线轮"为题的演讲中提出来的。1767年,瑞士数学家欧拉在不知道海尔和卡米研究成果的情况下,独立对齿廓进行了解析研究,认为把渐开线作为齿轮的齿廓曲线是合适的,故欧拉是渐开线齿廓的真正开拓者。后来萨瓦里进一步完善了这一理论解析方法,建立了现在研究齿廓时广泛采用的Euler-Savary方程式。1837年,英国威利斯指出,当中心距变化时,渐开线齿轮具有传动比不变的优点。英国的威利斯创造了制造渐开线齿轮的简单方法，渐开线齿轮的优越性才逐渐为人们所认识。这样，在生产中渐开线齿轮逐步取代了摆线齿轮，应用日趋广泛。

1900年，普福特首创了万能滚齿机，用范成法切制齿轮占了压倒性优势，渐开线齿轮在全世界才逐渐占统治地位。

在齿轮的工作过程中，两齿轮的啮合点随时间变化而变化，在这个变化中转动距离也发生了变化，如果采用圆弧曲线（不是渐开线），就会出现瞬时转动的速度的变化，产生速度的脉动性（瞬时速度不等）。而采用渐开线齿轮在任何时候，齿轮速度都是匀速的，没有脉动性。

现代使用的齿轮中，渐开线齿轮占绝大多数，而摆线齿轮和圆弧齿轮应用较少。渐开线齿轮种类很多，如图3-27所示为圆柱齿轮传动和锥齿轮传动。

(a) 圆柱齿轮传动

(b) 锥齿轮传动

图3-27　渐开线齿轮传动

渐开线是一个数学概念，定义为：将一个圆轴固定在一个平面上，轴上缠线，拉紧一个线头，让该线绕圆轴运动且始终与圆轴相切，那么线上一个定点在该平面上的轨迹就是渐开线。齿轮的齿形由渐开线和过渡线组成时，就是渐开线齿轮。渐开线齿轮的特点：方向不变，若齿轮传递的力矩恒定，则轮齿之间、轴与轴承之间压力的大小和方向均不变。

圆弧齿轮是一种以圆弧做齿形的斜齿（或人字齿）轮，如图 3-28、图 3-29 所示。对单圆弧齿轮，通常小齿轮做成凸齿，大齿轮做成凹齿。为加工方便，一般法面齿形做成圆弧，两端面齿形只是近似的圆弧。

图 3-28　斜齿圆弧齿轮传动　　　　　图 3-29　人字形圆弧齿轮传动

齿廓为圆弧形的点啮合齿轮传动通常有两种啮合形式：小齿轮为凸圆弧齿廓，大齿轮为凹圆弧齿廓，称单圆弧齿轮传动；大、小齿轮在各自的节圆以外部分都做成凸圆弧齿廓，在节圆以内的部分都做成凹圆弧齿廓，称双圆弧齿轮传动。目前，单圆弧齿轮传动已用于高速重载的汽轮机、压缩机和低速重载的轧钢机等设备上；双圆弧齿轮传动已用于大型轧钢机的主传动。

● 多种齿形并存。整个 20 世纪，渐开线齿轮占统治地位。1907 年，英国人弗兰克·哈姆·菲利斯最早发表了圆弧齿形。50 年代出现了点啮合的圆弧齿轮，主要用于高速重载场合。摆线齿轮除在钟表方面继续采用外，在摆线针轮行星减速器方面也取得了新的进展。根据工业发展的要求，目前又出现了阿基米德螺旋线齿轮、抛物线齿轮、准双曲面齿轮、椭圆齿轮、综合曲线齿轮、无名曲线齿轮等，而渐开线齿轮本身亦在不断地改进（如变位、修缘、修形等）。所有这些齿形为了适应各种不同的要求，亦在不断地改进，而新的齿形亦在不断地产生。各种齿形并存，并互相渗透，有朝一日，有可能出现一种能适应各种不同要求、吸取各种齿形优点的新型齿形。

第 4 章
中国古代的机械发明

中国是世界上机械发展最早的国家之一，中国古代在机械方面有许多发明创造，在动力的利用和机械结构的设计上都有自己的特色。许多专用机械的设计和应用，如水利机械中的翻车、水轮车、水排、水转连磨、水转大纺车等，均有独到之处。

● 翻车。翻车又名龙骨水车，中国古代民间灌溉农田用的龙骨水车，是世界上出现最早、流传最久远的农用水车，是一种刮板式连续提水机械，是中国古代劳动人民发明的最著名的农业灌溉机械之一。据《后汉书·张让传》记载，186 年毕岚制作了翻车（图 4-1）用于道路洒水，并未用在农业上。三国时，马钧加以改造并制造的翻车，就是专门用于农业排灌的龙骨水车，它不仅结构很精巧，还能连续不断地提水，使效率大大提高，而且它运转轻快省力，甚至儿童都能操作使用。

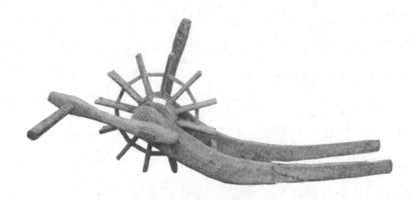

图 4-1　毕岚制作的翻车

翻车可用手摇、脚踏（图4-2）、牛转、水转或风转驱动。龙骨叶板用作链条，卧于矩形长槽中，车身斜置河边或池塘边。下链轮和车身一部分没入水中。驱动链轮，叶板就沿槽刮水上升，到长槽上端将水送出。如此连续循环，把水输送到需要之处。翻车可连续取水，效率大大提高，其操作搬运方便，还可及时转移取水点，既可用于灌溉，亦可用于排涝。用翻车灌溉农田"昼夜不息，百亩无忧"。中国古代链传动的最早应用就是在翻车上，这是农业灌溉机械的一项重大改进，表现出中国古代人民的聪明智慧和创造才能。

图4-2　脚踏翻车

● 杜诗发明水排（图3-20）。水排是我国古代一种冶铁用的水力鼓风装置，早期的鼓风器大都是皮囊，我国古代又叫"橐"。一座炉子用好几个橐，放在一起，排成一排，就叫"排囊"或"排橐"。用水力推动这种排橐，就叫"水排"。

杜诗在青年时就显示出不一般的才能，在河内郡任吏员时，当时的人就称赞他处事公平。光武帝初年，为侍御史。31年，杜诗迁升为南阳太守。在南阳任职七年，"政治清平，以诛暴立威，善于计略，省爱民役""政化大行"。杜诗注意节省民力,为了提高冶铁技术,他发明了水排。水排以水流作为动力,经传动机械促使鼓风皮囊开合,将空气送入冶铁炉,铸造农具。水力鼓风技术对于生铁冶炼铸造的发展有着极其重要的意义。

鼓风装置由人力驱动(人排)发展到用畜力和水力驱动(马排和水排),是东汉冶铁技术的创新。水排的效率不仅比人排高,就是比马排也高出数倍,《三国志·魏志·韩暨传》中写道:"旧时冶,作马排,每一熟石用马百匹;更作人排,又费功力。暨乃因长流为水排,计其利益,三倍于前。"元代王祯《农书》中详细记述了立轮式水排和卧轮式水排,并绘有图形。杜诗发明的水排,改变了中国冶炼鼓风装置靠人力和畜力作为动力的传统工艺,用取之不尽、用之不竭的水作为动力,不仅节省了人力物力,而且大大提高了劳动效率,在中国古代冶炼工艺发展史上具有里程碑式的意义。这一发明要比欧洲早数百年。

● 水碓。水碓是利用水力舂米的机械,在西汉末年就出现了,汉代桓谭的《桓子新论》里有关于水碓的记载。

水碓的动力机械是一个大的立式水轮,轮上装有若干板叶,轮轴长短不一,由带动的碓的多少而定。转轴上装有一些彼此错开的拨板,一个碓有四块拨板,四个碓就要十六块拨板。拨板是用来拨动碓杆的。每个碓用柱子架起一根木杆,杆的一端装一块圆锥形石头。下面的石臼里放上准备要加工的稻谷。流水冲击水轮使它转动,轴上的拨板就拨动碓杆的梢,使碓头一起一落地进行舂米。利用水碓,可以日夜舂米。

凡是溪流江河的岸边都可以设置水碓。根据水势的高低大小,人们采取一些不同的措施。如果水势比较小,可以用木板挡水,使水从旁边流经水轮,这样可以加大水流的速度,增强冲击力。带动碓的多少可以按水力的大小来定,水力大的地方可以多装几个,水力小的地方就少装几个。设置两个碓以上的叫作连机碓。

- 连机碓。西晋的杜预（图4-3）发明过一个连机碓（图4-4）和一个水转连磨。他在水流很急的地方装一个大木轮子，轮子着水处全是些比较宽的木板，这样能使轮子的着水面积加大。轮子的中轴长数尺，其中一头很长，用它连接好几个石碓，当水推动轮子转动的时候，石碓便自动上下起落舂米了。所谓水转连磨，则主要是用于磨面的，与连机碓的想法基本类似，不同的只是那个大中轴上连的是一些同磨盘相接的联动齿轮，大木轮一动，中轴便带动齿轮，然后由齿轮带动磨盘不停地转动。

图4-3　杜预

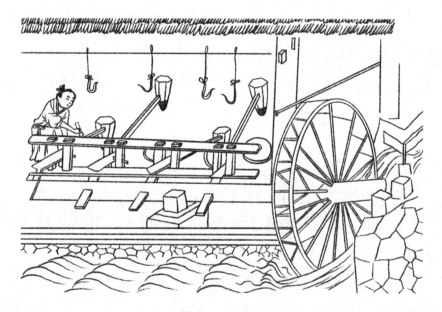

图4-4　连机碓

洛阳一带，由于使用了连机碓来加工谷物，生产效率大大提高，使这一地区的米价得以下降。到东晋时，连机水碓已经被广为应用，一直到清末民国初，历久不废，20世纪20年代以后才逐渐为柴油机碾米机所替代。显然，杜预发明连机碓对我国古代乃至近代的谷物加工做出了重要贡献。连机碓不仅用于粮食加工，还可用于舂碎陶土、香料等，至今有的地方仍在使用。

● 水磨（图4-5）。磨，最初叫硙，汉代才叫作磨，是把米、麦、豆等加工成面的机械。磨由两块有一定厚度的扁圆柱形的石头组成，这两块石头叫作磨扇。下扇中间装有一个短的立轴，用铁制成，上扇中间有一个相应的空套，两扇相合以后，下扇固定，上扇可以绕轴转动。两扇相对的一面，留有一个空膛，叫磨膛，膛的外周制成一起一伏的磨齿。上扇有磨眼。磨面的时候，谷物通过磨眼流入磨膛，均匀地分布在四周，被磨成粉末，从夹缝中流到磨盘上，把这些粉末过罗筛去麸皮等就得到面粉。磨有用人力、畜力和水力的不同类型。用水力作为动力的磨，大约在晋代就发明了。

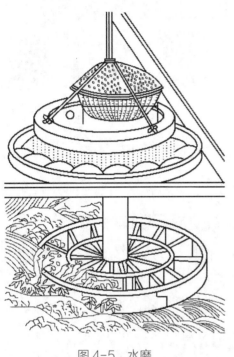

图4-5 水磨

水磨的动力部分是一个卧式水轮，在轮的立轴上安装磨的上扇，流水冲击水轮带动磨转动，这种磨适合安装在水的冲击力比较大的地方。假如水的冲击力比较小，但是水量比较大，可以安装另外一种形式的水磨：动力机械是一个立轮，在轮轴上安装一个齿轮，和磨轴下部平装的一个齿轮相衔接，水轮转动带动齿轮使磨转动。这两种形式的水磨，构造比较简单，应用很广。

● 水转连磨。水转连磨，是水磨的一种，流行于江西等地。西汉时期，作为粮食加工机械的水磨已经得到运用，但都是一轮一磨，水能利用率不高，效率也不高。西晋杜预对其进行了改进，王祯的《农书》对古代水转连机磨的传动方式有详细记载。其水力传动部分有卧轮式和立轮式两种。一个立轮带两磨的装置称为立轮连二水磨（图4-6）。最多的有一立轮带动三个齿轮，每一齿轮带动一盘大磨，大磨再各带动两盘小磨，合计一个立轮带九盘磨，称作水转连磨。

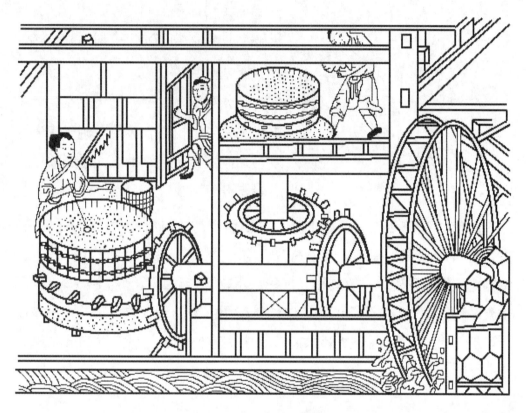

图4-6　立轮连二水磨

水转连磨的制成，大大提高了水能的利用，水转连磨（包括连机碓）创制后，迅速得到了推广使用，给当时人们的生活带来很大便利。

● 筒车。筒车又称水转筒车，是一种以水流作动力，取水灌田的工具。筒车发明于隋而盛于唐，距今已有1000多年的历史。这种靠水力驱动的古老筒车，在郁郁葱葱的山涧、溪流间构成了一幅幅远古的田园春色图。筒车是中国古代人民杰出的发明。

筒车是轮式提水机械，多用流水驱动（图4-7），也有的用畜力驱动。

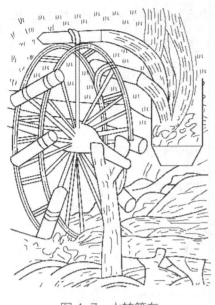

图 4-7 水转筒车

水转筒车的工作原理是，在水流湍急处建设带有挡板的水轮，轮轴固定在两边立柱上，水轮顶部高于河岸，四周倾斜绑扎若干竹筒。水流冲击挡板，带动水轮绕轴转动，底部的竹筒临流取水，随轮转至顶部后将竹筒中的水倒入木槽，实现提水的目的。

● 水转大纺车。水转大纺车是中国古代水利纺纱机械，大约发明于南宋后期，元代盛行于中原地区，是当时世界上最先进的纺纱机械。

水转大纺车专供长纤维加捻，主要用于加工麻纱和蚕丝。麻纺车较大，全长约 9 米，高 2.7 米左右。它与人力纺车不同，装有锭子 32 枚，结构比较复杂和庞大，有转锭、加捻、水轮和传动装置等四个部分。用两条皮绳传动使 32 枚纱锭运转。这种纺车用水力驱动，效率较高，每车每天可加捻麻纱 100 斤。水转大纺车是中国古代纺织机械方面的一个重大成就。

祖冲之为民研制水碓磨

南朝刘宋王朝的某个秋天，江南的稻谷已纷纷收割上来，农民们开始把稻谷舂成米。娄县（今江苏昆山市东北）县令祖冲之忙完公事，照例到附近的农村走一走，换换脑筋。已是晚饭时分，路边的稻谷堆积如山，鸡鸭猪羊在地里悠闲自得地觅食，农户家飘来阵阵饭香，好一派世外桃源的景象！看着这一切，他一天的疲劳顿时化为乌有。

走着走着，突然，一幅特殊的情景映入祖冲之的眼帘。简陋的农舍前，一位白发老翁正用双脚踏着一个木杆。走近细看，原来木杆上连着一个石杵，老翁踏一下，石杵就舂一下石磨里的稻谷，稻谷的皮就这样被一点点舂下去，变成白花花的大米。那老翁舂得十分费劲，虽然已是深秋，寒气很重，但老翁头上还是不住地冒汗。"老大爷，您这么干挺累吧？怎么没人帮您呢？"祖冲之（图4-8）问。"咳，没办法，年年这样！"老翁看对方一副百姓打扮，话匣子就打开了，"您不是本地人吧？这不，祖冲之祖大人上任这几年，想了不少办法。田里的粮食是越打越多，这本来是好事，可是我的儿子在征战中死了，等段时间要交粮，我只好豁出命了。苦啊！"

图4-8　古代科学家祖冲之

祖冲之愣住了。他任娄县县令以来，兢兢业业，每年政绩都不错，不想还是有忽略的地方。这让他颇为不安。

原来，宋明帝刘彧当上皇帝后，找了不少能人到朝廷和地方任职。名满天下的祖冲之便被封为娄县县令。娄县离建康（今江苏省南京市）有好几百里路远，既穷困又偏僻。祖冲之从建康到娄县，坐着马车，一路颠簸，一路盘算。

就任后，祖冲之首先考虑的就是让百姓安居乐业。为此，他奖励农耕、发展水利、开垦荒地、囤积粮食……百姓的日子逐渐好过起来。祖冲之公事之余，不忘体察民情，所以才有了前文的一幕。话说祖冲之稍作犹豫，随口问道："你这儿没有别的工具吗？""自打我祖父那辈就用这个，不知道有别的工具。"老翁边说边费力地踩着那木杆。

祖冲之边听边看，心里很不是滋味，自己怎么就没想到，打粮多也会给百姓造成负担呢？天色渐渐暗了，夕阳慢慢地退到远山背后，给灰蓝色的天幕上留下一抹玫瑰红。忙碌了一天的农人们吹灭了油灯，入睡了。村里村外一片静悄悄。祖冲之漫步而行，脑海里却依然思考如何让老翁更加轻松地舂米。

忽然，一阵"哗哗"的声响打断了他的思路。只见皎洁的月光下，一弯湍急的小河在欢快地流淌着。水！祖冲之突然开窍了，用水的力量代替人力！就这么办！

带着一种豁然开朗的心情，祖冲之回到县衙，连夜挑灯，查阅有关资料，准备研制一种新的舂米工具。通过查阅史料，他发现古人已经会用水力舂米。两百多年前的西晋王朝，一代儒将杜预发明过一个连机碓和一个水转连磨。

遗憾的是，这两种机器都失传了。

祖冲之起初想，干脆依葫芦画瓢复原这两种机器，解农民的燃眉之急，又转念一想，与其花钱费力造两个结构类似的机器，倒不如优化组合成一个机器，名字就叫水碓磨。想好名字，祖冲之开始动手了。

第一步是作图。祖冲之画了一稿又一稿，专心地设计着。说时容易做时难，尽管有相关记录，但是要复原甚至创新谈何容易。水碓磨高明之处就在于，它既是碓又是磨。磨靠的是旋转动力，而碓靠垂直动力，怎样才能合二为一呢？祖冲之绞尽脑汁，即使是睡觉，也"枕"着这个问题。最后，他终于想出了办法，在中轴上安两个不同类型的齿轮，一个竖齿轮衔接在石杵杆上，另一个卧齿轮衔接在石磨上（图4-9）。

第二步就是按图施工。祖冲之找了几个能工巧匠，同他们一起边做边改，从设计制作到安装仅用了一个多月。经过反复核查，祖冲之确信这个新发明是成功的。看着这个精致的水碓磨，祖冲之很高兴，决定几天后就试试。这个消息很快传遍了县城内外，百姓们都十分好奇，他们想，一个县令能为我们做加工粮食的工具，一定得亲眼看看。很快，消息传到皇宫，宋明帝也兴致勃勃地传令大臣，要前去观看。

图 4-9 水碓磨

试用那天,河边人头攒动,气氛非常热烈。天公似乎也受到感染,给了个好天气。上午宋明帝带着后宫嫔妃、大臣来到娄县。祖冲之向现场人员简单介绍水碓磨的情况后,便请宋明帝下令开机。得到皇上的准许后,祖冲之启动了,大木轮,中轴也随着转动起来,接着,碓和磨都开始工作起来。一会儿工夫,一堆加工好的米和面就呈现在人们眼前。人群沸腾了,皇帝笑了,祖冲之成功了。

祖冲之发明的水碓磨一直运用于生产中。一千多年后,一些农村地方改成了电碓磨。据报道,21 世纪,南方的某些地方还有这种最原始的水碓磨。

你知道吗?

你知道祖冲之在机械制造发明的主要成就吗?

祖冲之设计制造过水碓磨、铜制机件传动的指南车、千里船、定时器等。

在西晋初年，杜预改进发明了连机碓和水转连磨。一个连机碓能带动好几个石杵一起一落地舂米；一个水转连磨能带动九个磨同时磨粉。祖冲之又在这个基础上进一步加以改进，把水碓和水磨结合起来，生产效率就更高了。

水碓磨即水磨，水碓的动力来自一个大的立式水轮，轮上装有若干板叶，水冲击板叶时，水轮就带动中轴旋转，轴上装有彼此错开且与轴垂直的拨板，中轴转动时拨板便自上而下地敲击碓杆，使碓头迅速抬起。拨板离开后碓头又会落下，重重砸在石臼里。水磨前半段的工作原理与水碓完全相同，只是中轴上不安装拨板，也不用碓头，它安装了石磨并采用蜗轮蜗杆传动原理改变力的方向，使垂直转动的水轮为水平转动的石磨提供动力。当然若采用卧式水轮就不必改变力的方向了。

第 5 章

张衡发明了地动仪

● 张衡。张衡（图 5-1）78 年诞生于河南南阳郡西鄂县石桥镇一个破落的官宦家庭，祖父张堪是地方官吏，曾任蜀郡太守和渔阳太守。张衡幼年时候，家境已经衰落，有时还要靠亲友的接济。正是这种贫困的生活使他能够接触到社会底层的劳动群众和一些生产、生活实际，从而给他后来的科学创造事业带来了积极的影响。他是我国东汉时期伟大的天文学家、数学家、发明家、地理学家、制图学家、诗人，为我国天文学、机械技术、地震学的发展做出了不可磨灭的贡献；在数学、地理、绘画和文学等方面，张衡也表现出了非凡的才能和广博的学识。

● 张衡发明了地动仪。东汉时期，京都洛阳及附近地区经常发生地震。据史书记载，从 89 年到 140 年的 50 多年间，这些地区发生地震达 33 次。其中 119 年发生的两次大地震，波及范围达十多个县，造成大批房屋倒塌，人畜伤亡，人们对地震十分恐惧。皇帝以为这是得罪了上天，因此增加人民赋税，用来举行祈祷活动。张衡不相信关于地震的迷信宣传，他认为地震应该是一种自然现象，只是人们对它的认识太少了。鉴于这种情况，他加

图 5-1 张衡像

紧了对地震的研究。

张衡细心观察和记录每一次地震现象，用科学的方法分析了发生地震的原因。经过多年的反复试验，132 年，张衡制造出了中国乃至世界上第一个能测定地震方位的仪器，取名地动仪。[可惜的是，张衡的地动仪已经失传，后人复原的地动仪无法实现"知震之所在"（图 5-2）]。

图 5-2　复原的地动仪

这架地动仪是用青铜铸造而成的，形状像一个圆圆的大酒坛，直径近 1 米，中心有一根粗的铜柱，外围有八根细的铜杆，四周浇铸着八条龙，八条龙头分别连着里面的八根铜杆，龙头微微向上，对着东、南、西、北、东北、东南、西北、西南八个方向。每条龙的嘴里含着一个小铜球，每个龙头的下面蹲着一只铜蟾蜍（蛤蟆），它们都抬着头，张大嘴巴，随时都可以接住龙嘴里吐出来的小铜球。蛤蟆和龙头的样子非常有趣，好像在互相戏耍。人们就用"蛤蟆戏龙"来形容地动仪的外貌。按照张衡的设计，如果哪个方向发生了地震，地动仪的铜杆就会朝哪个方向倾斜，然后带动龙头，使那个方向的龙嘴张开，小铜球就会从龙嘴里吐出来，掉到蛤蟆嘴里，发出"啥"的一声，向人们报告那个方向发生了地震，以便官府做好抢救和善后工作。

133年，洛阳发生地震，张衡的地动仪准确地测到了。此后四年里，洛阳地区又先后发生三次地震，张衡的地动仪都测到了，没有一次失误。但是138年2月的一天，张衡等人发现，向着西方的那条龙嘴里的小铜球掉进了下面蛤蟆的嘴里，但人们却丝毫没有感觉到地动，于是一些本来就对地动仪持怀疑态度的学者就说地动仪不准，只能测到洛阳附近的地震。过了三四天，甘肃（位于洛阳西面）的使者来了，报告那里发生了地震。这时候，人们才真正相信张衡的地动仪不仅是"蛤蟆戏龙"，而是真正有用的科学仪器。从此以后，中国开始了用仪器远距离观测和记录地震的历史。

● 张衡创制浑天仪的故事。东汉元初二年（115年）的一天早上，一位身体精瘦、两鬓斑白的中年人，健步登上了洛阳平昌门南的灵台。灵台是当时的天文台，它高9丈（1丈=10尺≈3.33米）、周围20丈，有12个门，上下两层平台，平台之间有坡道相连，气势雄伟壮观。这位登上灵台的中年人正是新上任的太史令张衡。

张衡登上灵台，清晨的寒风扑面而来，他仰观天象，真是心旷神怡，有一种飘飘欲仙的感觉，这里真是一个施展聪明才智的好地方。

张衡绕着灵台走了一圈，心情又沉重起来。他发现，灵台的建筑虽然雄伟，但观天象的仪器却很陈旧，年久失修，不堪使用。张衡静静地站了一会儿，长吐一口气，暗自下定决心，自己要重新制造仪器，特别是其中关键的仪器——浑天仪。

张衡回到家中，谢绝了一切应酬往来，把自己关在一间空房间里，一心一意地钻研如何制造出新的浑天仪。他查阅了前人留下的资料，并参考了西汉时另一位科学家耿寿昌制造的浑天仪，在这一基础上，张衡决定先做模型进行试验。

模型是用竹子做的，他把竹子劈开，刮削成薄薄的竹篾，在竹篾上刻好度数，然后围成圆环，用细针穿起来，这样，一个简易的浑仪模型就造成了。张衡把这个模型叫作子浑。他利用这个模型对照天象，不断地试验，不断地调整模型的构造和竹篾上的刻度，直到完全满意了，才叫工匠用精铜铸成正式的仪器。就这样，经过近一年时间殚精竭虑地建造，一座精密的浑天仪诞生了（图5-3）。

图 5-3　制造浑天仪

- 浑天说。古代天文学家张衡提出了"浑天说"这种宇宙学说，认为"天之包地，犹壳之裹黄"。在一些人的想象中，地球就像一个蛋黄。古人只能在肉眼观察的基础上加以丰富的想象，来构想天体的构造。"浑天说"最初认为：地球不是孤零零地悬在空中的，而是浮在水上。后来又有发展，认为地球浮在气中，因此有可能回旋浮动，这就是"地有四游"的朴素地动说。"浑天说"认为全天恒星都布于一个"天球"上，而日月五星则附于"天球"上运行，这与现代天文学的天球概念十分接近。

● 浑象。浑象是一种表现天体运动的演示仪器，类似现代的天球仪，是一种可绕轴转动的刻画有星宿、赤道、黄道、恒隐圈、恒显圈等的圆球，浑象主要用于模拟天球的运动，表演天象的变化。浑象最初是由中国天文学家耿寿昌发明于西汉时期。东汉张衡的水运浑象又对后世浑象的制造产生了很大的影响，宋朝的水运仪象台则达到历史上浑象发展的最高峰。中国现存最早的浑天仪制造于明朝，陈列在南京紫金山天文台。

浑象的工作原理。浑象上，人们把太阳、月亮、二十八宿等天体以及赤道和黄道都绘制在一个圆球面上，能使人不受时间限制，随时了解当时的天象。白天可以看到在天空中看不到的星星和月亮，而且位置不差；阴天和夜晚也能看到太阳所在的位置。用它能表演太阳、月亮以及其他星象东升和西落的时刻、方位，还能形象地说明夏天白天长，冬天黑夜长的道理等。

● 水运浑天仪。张衡在前人制造浑象的基础上也制作了一架水运浑天仪（又叫漏水转浑天仪）。浑象和浑仪如图 5-4 所示。

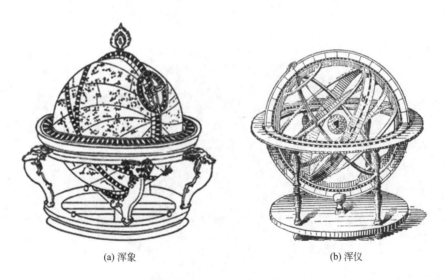

(a) 浑象　　　　　　　(b) 浑仪

图 5-4　浑象和浑仪

水运浑天仪用精铜铸成，主体是一个球体，代表天球。球体可以绕天轴转动。天球周长为1丈4尺6寸1分,相当于4分为1°,周天共365.25°,它的表面画有二十八宿和各种恒星,还有赤道圈、黄道圈及二十四节气,北极周围有恒显圈,南极附近有恒隐圈,等等。天球外面有两个圆环,一个是地平圈,一个是子午圈。天轴支架在子午圈上,和地平斜交成36°,就是说北极高出地平36°,这是洛阳地区的北极仰角,也是洛阳地区的地理纬度。天球半露于地平圈之上,半隐于地平圈之下(图5-5)。这些设计与浑天说理论是完全一致的。张衡又利用当时已得到发展的机械方面的技术,巧妙地把计量时间用的漏壶与浑天仪联系起来,即以漏水为原动力,并利用漏壶的等时性,通过齿轮系的传动,使浑天仪每日均匀地绕轴旋转一周。这样,浑天仪就能自动地、近似正确地把天象演示出来,并使浑天仪上的天象出没与实际天象相吻合,几乎达到一致的程度。水运浑天仪是世界上有明确记载的第一台用水力发动的天文仪器。它的演示,形象地表达了"浑天说"思想,从而使"浑天说"宇宙论得以传播和推广,并得到了社会的广泛承认。

图5-5 水运浑天仪

● 张衡年少时的故事。张衡能取得这些成就和他小时候的立志追求是分不开的。张衡从小就爱想问题，对周围的事物总要寻根究底，弄个水落石出。在一个夏天的晚上，张衡和爷爷、奶奶在院子里乘凉。他坐在一张竹床上，仰着头，呆呆地看着天空，还不时举手指指画画，认真地数星星。

张衡对爷爷说："我数的时间久了，看见有的星星位置移动了，原来在天空东边的，偏到西边去了。有的星星出现了，有的星星又不见了。它们是在跑动吗？"

爷爷说道："星星确实是会移动的。你要认识星星，先要看北斗星。你看那边比较明亮的七颗星，连在一起就像一把勺子，很容易找到……"

"噢！我找到了！"小张衡兴奋地又问道："那么，它是怎样移动的呢？"爷爷想了想说："大约到半夜，它就移到上面，到天快亮的时候，这北斗星就翻了一个身，倒挂在天空……"

这天晚上，张衡一直睡不着，好几次爬起来看北斗星。当他看到那排成勺子样的北斗星果然倒挂着时，非常兴奋！心想：这北斗星为什么会这样转来转去，是什么原因呢？天一亮，他便赶去问爷爷，谁知爷爷也讲不清楚。于是，他带着这个问题，读天文书去了。

后来，张衡长大了，皇帝得知他才学出众，把张衡召到京城洛阳担任太史令，主要掌管天文历法的事情。为了探明自然界的奥秘，年轻的张衡常常把自己关在书房里读书、研究，还常常站在天文台上观察日月星辰。他创立了"浑天说"，并根据"浑天说"的理论，制造了浑天仪。

张衡从一个对着天空数星星的孩子，成长为历史上著名的科学家，他大胆追求自己的目标，不为其他世俗的名利束缚，兴趣为师，潜心科学，终成一代大家。人们常说兴趣是最好的老师，一旦有了感兴趣的目标，一定不要轻易错失，而是要集中精力勇于追求，不断克服过程中的艰难险阻，一步步地攀登，最终会向目标不断靠近。这就是追求的魅力，这就是追求的动力，这就是追求的教益。

趣闻轶事

巧夺天工的伟大发明

张衡的浑天仪惊动了京城内外的学者,他们纷纷来到太史令的府邸,争先恐后地参观张衡的杰作。浑天仪是一个直径足有四尺多长的大铜球,铜球上铸着二十八宿中的外星宫,闪光耀眼。铜球外面还有几道铜圈,加上复杂的漏水转动装置,气势磅礴,令人赞叹不已。

学者们惊奇之余,对其是否能准确地演示天象表示怀疑。有一位学者问张衡:"张太史,是否能让它演示一下?"

张衡愉快地答应了。他让参观的学者分成两组,一组在屋里看着仪器,一组在屋外观察星空,报告观察的结果,来对照一下屋里的仪器和屋外的实际情况是否相符。学者们很高兴,很快就按张衡的布置准备妥当。

入夜,晴朗的夜空繁星点点。不一会儿,屋里的人根据仪器指示,报告说:"月亮正在升起。"屋外的人也看到东南方向升起一弯明月。接着屋里的人又不断地报告:星星已升起,某星已到中天,某星转入地下……皆与屋外的人看到的实际天象相符。

试验完毕,人们一起把张衡围起来,纷纷向他祝贺,称赞浑天仪是巧夺天工的伟大发明。

张衡的浑天仪成为东汉王朝的国宝,朝廷将它安置到灵台上以后,一般人是不能随便动的。东汉末年,著名的学者蔡邕看到了这架仪器后,佩服得五体投地,他说:"叫我一辈子在这里守着它观察天象,我都愿意。"但到了宋朝以后,这台浑天仪下落不明,至今也未找到。

你知道吗?

张衡是集发明家、天文学家、文学家、数学家、地理学家于一体的伟人。为了纪念张衡在这些方面做出的卓越贡献,联合国天文组织特意将月球上的一座山命名为张衡环形山,还将1802号行星命名为张衡星。

第 6 章
中国古代机械发明家——马钧

马钧(图6-1),三国时期陕西兴平人,是中国古代科技史上最负盛名的机械发明家之一。他的不少发明创造对当时生产力的发展起了相当大的作用。因为他在机械传动方面有很深的造诣,所以当时人们对他的评价很高,称他为"天下之名巧"。

马钧年幼时家境贫寒,自己又有口吃的毛病,虽然不擅言谈却精于巧思,同时注重实践,勤于动手,后来在魏国担任给事中的官职。魏明帝时,他研究制造出指南车,改进了诸葛亮的连弩,改进了攻城用的发石车。他制造的"水转百戏"以水为动力,以机械木轮为传动装置,使木偶可以自动表演,构思十分巧妙。马钧又改造了织绫机,使效率提高了四五倍。马钧还改良了用于农业灌溉的工具——龙骨水车,对科学发展和技术进步做出了贡献。

● 新式织绫机。绫是一种表面光洁的提花丝织品。中国是世界上生产丝织品最早的国家。可那时的生产效率还很低。为了提高生产效率,中国古代劳动人民在生产实践中逐步发明了简单的织绫机。这种织绫机有120个蹑(踏具),人们用脚踏蹑管理它,

图6-1 中国古代机械发明家——马钧

织一匹花绫得用两个月左右的时间。后来，这种织绫机虽经多次简化，可到三国时，仍然非常笨拙。马钧看到工人在这种织绫机上操作，累得满身流汗，生产效率还很低，就下决心要改良这种织绫机，以减轻工人的劳动。于是，他深入到生产过程中，对旧式织绫机进行了认真研究，重新设计了一种新式织绫机。新织绫机简化了踏具，改造了开口运动机件。当时的织绫机的主要缺点是提起经线的踏板太多，如用50根经线织绫，机上的踏板就有50块，用60根经线织绫，机上的踏板就有60块，这样，每穿织一根纬线，得依次踩动50块踏板或60块踏板，一天织下来，两腿又酸又疼，织成一匹绫，要花很多时间。马钧采用综合控制经线的分组、上下开合的方法，方便梭子来回穿织，将踏板统统改成12块大踏板。经过这样一改进，新织绫机不仅更精致，更简单实用，而且生产效率也比原来的提高了四五倍，其织出的提花绫锦花纹图案奇特、花形变化多样，因此，新织绫机受到了广大丝织工人的欢迎。新织绫机的诞生，大大加快了中国古代丝织工业的发展速度，并为中国家庭手工业织布机奠定了基础，如图6-2所示。

图6-2　人们用新织绫机工作

图6-3 古代指南车

● 马钧成功地制造了指南车。指南车（图6-3）是古代一种指示方向的车辆，也是帝王的仪仗车辆。我们的祖先很早就创造了指南车。据中国古史传说，4000多年前，黄帝和蚩尤作战，蚩尤为使自己的军队不被打败，便施法作雾，使黄帝的军队迷失了方向。后来，黄帝制造了指南车，靠指南车辨别了方向，终于打败了蚩尤。另传说3000年前，远方的越裳氏（在今越南）派使臣到周朝，迷失了回去的路线，周公遂制造指南车相赠。这些故事，虽然是传说，特别是蚩尤作雾，更是一个神话，但是中国指南车的发明，实在是极为久远的事情。东汉时期，伟大的科学家张衡利用纯机械的结构，创造了指南车，可惜张衡造指南车的方法失传了。

最早的确切记载是在三国时期。有历史典籍显示三国时的马钧是第一个成功地制造指南车的人。

到三国时期，人们只从传说上了解过指南车，谁也没见过指南车是什么模样。当时，在魏国做给事中的马钧对传说中的指南车极有兴趣，于是下决心要把它重造出来。然而，一些思想保守的人知道马钧的决心后，都持怀疑态度，不相信马钧能造出指南车。有一天，在魏明帝面前，一些官员就指南车和马钧展开了激烈的争论。散骑常侍高堂隆说："古代据说有指南车，但文献不足，不足为凭，只不过随便说说罢了。"将军秦朗也随声附和道："古代传说不大可信，孔夫子对三代以上的事，也是不大相信的，恐怕不能有什么指南车。"马钧说："愚见以为，指南车以往很可能是有过的，问题在于后人对它没有认真钻研，就原理方面看，造指南车还不是什么很了不起的事。"高堂隆听后冷冷地一笑，秦朗则更是摇头不已，他嘲讽马钧说："你名钧，字德衡，钧是器具的模型，衡能决定物品的轻重,如果轻重都没有一定的标准,就可以做模型吗?"马钧道:"空口争论,又有何用,咱们试制一下,自有分晓。"随后,他们一起去见魏明帝(曹叡),明帝遂令马钧制造指南车。马钧在没有资料、没有模型的情况下,苦苦钻研,反复试验,没过多久,终于运用差动齿轮的构造原理,制成了指南车。事实胜于雄辩,马钧用实际成就,胜利地结束了这一场争论。马钧制成的指南车,在战火纷飞、硝烟弥漫的战场上,不管战车如何翻动,车上木人的手指始终指南。马钧也因此赢得了满朝大臣的敬佩,从此,"天下服其巧也"。这充分表现了马钧肯刻苦钻研,敢想、敢说、敢做的精神。

指南车的外形为在一辆车上立一木人,木人的一只手臂平伸向前,只要开始行车的时候,木人的这只手臂指南,此后无论车子怎样改变方向,木人的手臂始终指向南方。人们很容易将指南车与指南针相混淆,其实二者虽然都有"指南"二字,但科学原理却完全不同。指南针是利用了磁铁或磁石在地球磁场中的南北指极性而制成的指向仪器,而指南车的原理是车上装有一套差动齿轮装置,当车辆左、右转弯时,车上可以自动离合的齿轮传动装置就带动木人向车辆转弯相反的方向转动,使木人的手臂始终保持指南。指南车上这种利用差动齿轮装置来指示方向的机械,在今日仍有现实意义。

图 6-4 为指南车结构图,在使用时先对木人进行调整,使木人的手指向正南。车轮转动,带动附于其上的垂直齿轮(又称附轮或附足立子轮),该附轮又使与其啮合的小平轮转动,小平轮带动中心大平轮。指南木人的立轴就装在大平轮中心。若马拖着辕直走,则左右两个小平轮都悬空,车轮小平轮和车中大平轮不发生啮合传动,因此木人不转,当然也不会改变指向。

若车子向右转弯,则车辕的前端也必向左,而其后端则必偏右。车辕的这种变化,会使系在车辕上的吊悬两小平轮的绳子发生相应的松紧,从而把左边的小平轮向上拉,但仍使它悬空;而右边的小平轮则借铁坠子及其本身的重量往下落，从而造成了车轮小平轮和大平轮的啮合传动。若车子向左转 90°，则在转弯时，左轮不动，右轮要转半周，与右轮相连的小齿轮也就转半周（即转过 12 个齿），经过小平轮传动到大平轮，则大平轮将以相反的方向转动 90°，这样木人在和车一起左转 90° 的同时，又由于齿轮的啮合传动右转了 90°，其结果等于没有转动，所以它的指向仍然不变。车子向右拐弯的情况或其他运动情况的结果可以类推。总之无论车子怎么转动，木人总能保持它的指向不变。

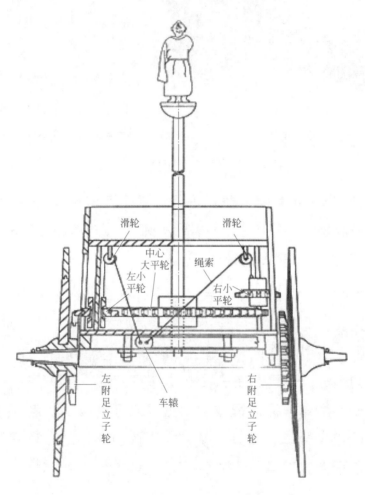

图 6-4　指南车的结构图

古代指南车采用了差动齿轮装置，使木人一直指向一个方向。指南车是人类历史上第一架有共协稳定的机械，将驾车人与车辆当成一个整体看待。

- 马钧创制了龙骨水车。在以前中国许多地区都广泛使用着一种龙骨水车，也叫翻车，如图6-5所示。它应用齿轮的原理进行汲水，很是好用。中国应用水车有着悠久的历史。大约在东汉时期，翻车就出现了。据古籍记载，东汉末年有个叫毕岚的人曾制造过翻车，但那时的翻车还比较粗糙，大抵应该是中国乡村历代通用的龙骨水车的前身。直到三国时期，机械发明家马钧重新发明创造了一种新式翻车，才使翻车得到广泛应用。

图6-5 龙骨水车

据《后汉书·张让传》记载，东汉中平三年（186年），毕岚曾制造翻车，用于取河水洒路。马钧在京城洛阳任职时，城内有地，可辟为园。为了能灌溉，他制造了翻车（即龙骨水车）。

马钧当时在魏国做一个小官，经常住在京城洛阳。当时在洛阳城里，有一大块坡地非常适合种蔬菜，老百姓很想把这块土地开辟成菜园，可惜因无法引水浇地，一直空闲着。马钧看到后，就下决心要解决灌溉上的困难。于是他在机械上动脑筋，经过反复研究、试验，终于创造出一种翻车，把河里的水引上了土坡，实现了老百姓的愿望。马钧创造的这种翻车，极其轻便，连小孩也能转动。它不但能提水，而且还能在雨涝的时候向外排水，可见其进步之大，功效之多。这种翻车，是当时世界上最先进的生产工具之一，从那时起，一直被中国乡村历代所沿用，在实现电动机械提水以前，它一直发挥着巨大的作用（图6-6）。

图 6-6　翻车

- 巧妙的水转百戏。马钧在传动机械方面的研究，造诣是很深的，成绩也是极其卓著的。"水转百戏"的研制成功，足以说明这一点。一次，有人进献给魏明帝一种木偶百戏，造型相当精美，可那些木偶只能摆在那里，不能动作，明帝觉得很遗憾。明帝问马钧："你能使这些木偶活动吗？"马钧肯定地回答道："能！"明帝遂命马钧加以改造。没过多久，马钧成功地创造了"水转百戏"。他用木头制成原动轮，以水力推动，使其旋转，通过传动机构使上层的所有陈设的木人都动起来了。有的击鼓，有的吹箫，有的跳舞，有的耍剑，有的骑马，有的在绳上倒立，还有百官行署，真是变化无穷。并且这些木人出入自由，动作极其复杂，巧妙程度是原来的百戏木偶所无法比拟的。"水转百戏"的研制成功，在中国古代木偶艺术中应该说是非常卓越的创造。它虽然是供封建统治者玩乐的东西，但从另一方面看，马钧已能熟练掌握和巧妙利用水利和机械方面传动的原理。

马钧的发明创造，虽然没有被封建贵族所重视，但却得到了广大劳动人民的欢迎，一千多年来，他的功绩和成就一直被劳动人民所传颂。

更胜诸葛亮一筹的马钧

趣闻轶事　诸葛亮不只是政治家、军事家，还是著名的发明家，他创造的木牛、流马为蜀军北伐提供了坚实的补给，连弩变成蜀汉旗开得胜的法宝。三国期间，曹魏的精锐之师是马队，孙吴是水军，而蜀汉则是弩兵，弩兵正好是马队、水军的克星，连弩的创造使曹魏、孙吴不敢小觑弱小的蜀汉。除此之外，诸葛亮还创造了馒头、孔明灯。可是诸葛亮制作的连弩原是一弩十发，而且笨重，单兵无法使用，而马钧对连弩进行了改良，效率提高了五倍，一弩五十发。

曹操曾用发石车击败袁绍，马钧认为，以往的发石车只能单发，倘若敌人在城楼上架起湿牛皮，就能将乱石挡在城外，所以，马钧又想把它改造一下。于是，他把发石车改造成轮转式，轮上挂满大石，机械带动转轮，就可以接连不断地把石头发射出去，这在当时来说，威力是相当大的（图6-7）。如果这种武器批量生产并投入使用，形成一种兵种，那么绝对无坚不摧，战无不胜，其破坏性会超过"霹雳车"百倍千倍。

图6-7 马钧改进的发石车

你知道吗？ 指南车的出现是齿轮传动和离合器应用技术得到很好运用的一个标志，充分展示了我国劳动人民的聪明智慧。

第 7 章
綦毋怀文发明了灌钢技术

灌钢法，古代中国劳动人民发明的一种先进炼钢工艺，是中国早期炼钢技术一项最突出的成就。由北齐著名冶金家綦毋怀文（图7-1）发明。17世纪以前，西方各国一般都是采取熟铁低温冶炼的办法，钢铁不能熔化，铁和渣不易分离，碳不能迅速渗入。经过块炼法—百炼钢—炒钢法的发展历程，中国发明了灌钢法，成功解决了这一难题，为世界冶炼技术的发展做出了划时代贡献。

中国古代著名的灌钢法是将生铁和熟铁配合在一起加热，生铁熔点较低，融化后"灌"入熟铁之中，使熟铁渗碳成钢。

綦毋怀文，邢台沙河人，中国南北朝时期的著名冶金家。大约在东汉末期，中国出现了炼钢新工艺灌钢法的初始形式。南北朝时，綦毋怀文总结了历代炼钢工匠的丰富经验，对古代这一种新的炼钢方法——灌钢法做出了突破性的发展和完善，同时在制刀和热处理方面也有独特创造。

• 灌钢法的完善。在《北史·綦毋怀文传》中记有綦毋怀文

图 7-1　綦毋怀文

的灌钢法"其法，烧生铁精以重柔铤，数宿则成钢。"就是选用品质较高的铁矿石，冶炼出优质生铁，使其熔化，浇灌在熟铁上，经几次熔炼，使铁渗碳成为钢。綦毋怀文的改进和完善，使灌钢法趋于稳定，操作更加方便实用。綦毋怀文虽然可能不是灌钢法的最早发明者，但却是目前所知灌钢法的最早实践者和革新者，为灌钢法的发展做出了无与伦比的贡献。

灌钢法在綦毋怀文进行了重大改进之后，在中国逐渐推广开来。南北朝时期，民间已用它制作刀、镰等。到了唐朝，灌钢法得到进一步发展，特别是在今天的河北一带，许多冶炼家都在使用綦毋怀文创造的冶炼工艺。到宋代，灌钢法流行全国，已经取代炒钢和百炼钢等方法，成为当时主要的炼钢方法。到明朝时，灌钢技术进一步发展，出现了新的工艺形式"苏钢"，这是灌钢法的高级发展阶段。直到近现代，在安徽芜湖、湖南湘潭、重庆、四川威远等地人们还在使用灌钢法，可见其影响深远。灌钢法的出现，为中国炼钢技术的发展起了巨大的推动作用。在18世纪40年代，西方坩埚炼钢法发明之前，灌钢法是世界上最先进的炼钢方法。图7-2为古代灌钢法作业场景。

图7-2　古代灌钢法作业场景

● 淬火技术的掌握。中国早在战国时代就使用了淬火技术，但是长期以来，人们一般都是用水作为淬火的冷却介质。虽然三国时的制刀能手蒲元等人已经认识到，用不同的水作淬火的冷却介质，可以得到不同性能的刀，但仍没有突破水的范围。

而綦毋怀文则实现了这一突破，他在制作宿铁刀时，使用了动物尿和动物油脂作为介质。动物尿中含有盐分，冷却速度比水快，用它作淬火介质，淬火后的钢比用水作淬火介质的钢坚硬；而动物油脂冷却速度则比水慢，淬火后的钢比用水作淬火介质的钢有韧性。这是对钢铁淬火工艺的重大改进，一方面扩大了淬火介质的范围，另一方面获得了不同的冷却速度，得到了不同性能的钢。

綦毋怀文可能还使用了双液淬火法，即先在冷却速度大的动物尿中淬火，然后再在冷却速度小的动物油脂中淬火，这样可以得到性能比较好的钢，避免单纯使用一种淬火介质淬火（即单液淬火）的局限。因为只用一种淬火介质毕竟难以两全其美，如果使用的淬火介质冷却速度比较快，就容易引起工件开裂、变形等缺陷；如果淬火介质冷却速度缓慢，就会使工件韧性有余，硬度不足，难以满足使用的要求。这样就需要使用双液淬火法，即在工件的温度比较高的时候，选用冷却速度比较快的淬火介质，以保证工件的硬度；而在温度比较低的时候，则选用冷却速度比较小的淬火介质，以防止工件开裂和变形，使其有一定的韧性。双液淬火法是一种比较复杂的淬火工艺，掌握起来并非易事，它需要操作者有很高的技术水平和丰富经验。既要掌握好开始淬火的温度（温度过高，淬火后工件发脆，温度过低，则硬度不够），又要掌握好从第一种介质取出的时机（实际也是工件温度）。这在当时没有测温、控温设备的条件下，完全依赖操作者的感观把握和操作技巧。綦毋怀文能在这种困难条件下掌握如此复杂的淬火工艺，实在是一个了不起的成就。

● 制刀工艺的贡献。綦毋怀文在制刀上同样做出了杰出贡献。他总结了前人在制刀技术和热处理方面的丰富实践经验，经过不断钻研和实践探索，创造了一套新的制刀工艺和热处理技术。他做出的刀极其锋利，能够一下子斩断铁甲 30 扎。

在綦毋怀文之前，中国古代的钢刀大都用百炼钢制成，这样制作的刀、剑，虽然性能优异、锋利无比，但也存在不少缺陷。整把刀全部用百炼钢制成，因此价格昂贵，如一把东汉时期的好钢剑的价钱可以购买当时供 7 个人吃两年 9 个月的粮食。而且百炼钢制作刀剑费时费力，三国时，曹操命有司制作宝刀 5 把，用了三年时间。

綦毋怀文对制刀工艺进行了重大革新，他用灌钢法炼制的钢做成刀的刃部，而用含碳量低的熟铁作刀背，这样制成的刀具刃口锋利而不易折断，刚柔兼备、经久耐用。一般来说，刃口主要起切割作用，因而要求有比较高的硬度，这样才能保证刀的锋利，所以应该选择含碳量较高、硬度较大的钢来制造。而刀背主要起一种支撑作用，要求有比较好的韧性，使刀在受到比较大的冲击时不致折断，这样就要选择含碳量较低、韧性较大的熟铁。綦毋怀文正是有了上述认识，在制作刀具时才能够将熟铁和钢巧妙结合起来，将二者恰到好处地用在合适的地方，既满足了钢刀的不同部分的不同要求，又节省大量昂贵钢材，利于钢刀的推广和普及。这种制刀工艺，今天还在沿用。

綦毋怀文在 1400 多年前，在钢铁冶炼、制刀、淬火工艺等方面做出如此杰出的成就，是中华民族的骄傲。我国冶金技术能够在古代长期领先于世界，正是依靠綦毋怀文和千百万工匠的辛勤劳动，他们的突出贡献为后人所敬仰。

制刀能手蒲元

蒲元是诸葛亮的属官，专门管造刀（见图 7-3）。他随诸葛亮出征到汉中，奉命造宝刀一百口。刀打好后，他不用汉江的水淬火，却派出一队士兵回成都，取来锦江的水。

图 7-3　蒲元制刀

蜀道千里，山高路险，士兵们装了两大缸水，车载马驮，一路上叫苦连天。过涪城时，他们不小心把缸里的水洒出了很多，领队的士兵说："我不信江里的水还有两样，蒲元故作神秘，让我们枉费力气。就添些涪江的水，谅他也不知道。"

水运到汉中，蒲元一看就说掺了假，领队和士兵们则异口同声说全是锦江水。蒲元拿起铁钳，在水缸里一划，水一阵翻腾，像豆腐似的分成了两块。他说："缸里有七分锦江水，三分涪江水。"领队的还一口咬定没掺涪江水。

蒲元又拿起两把烧红的刀，分别放到装了不同江水的缸里淬火，用锦江水淬火的刀闪光发亮，用涪江水淬火的刀黑不溜秋。他叫人拿来一节装满铁豆的竹筒，先用涪江水淬火的刀砍去，竹筒未断，刀口却锩刃。然后用锦江水淬火的刀去砍，竹筒砍断，而刀口依然锋利。那领队和运水的士兵个个看得发呆，纷纷跪下认罪，然后老老实实回成都，取锦江水去了。

你知道吗？

1740年，英国亨茨曼发明坩埚炼钢法（图7-4），在欧洲历史上第一次炼得了液态钢水，这一发明的关键是制造出一种可耐1600℃高温的耐火材料，以制作坩埚。从此，各种优质钢（如工具钢）均采用坩埚法冶炼。

图7-4 坩埚炼钢法

第 8 章
苏颂制造了水运仪象台

在中国的历史上有个赫赫有名的人——北宋名相苏颂（图 8-1）。他是 11 世纪闪耀在北宋时期的一颗科技巨星，他研制的水运仪象台，为中世纪的天文学、机械制造学做出了举世无比的贡献。他编撰的《本草图经》是流传至今最早的有图本草书，为人类的药物学研究做出了宝贵的贡献。他身居宰相之职，同时也是一位出色的政治家。

苏颂是厦门同安人，他在宋朝宋真宗天禧四年（1020 年）出生，1101 年去世，享年 81 岁。

苏颂出生于书香世家，他的父亲名叫苏绅，中过进士，也曾做过皇帝的文书。苏颂小时候很聪明，学习又刻苦，比如练毛笔字时，他就练到手指长茧。苏颂在县城内的芦山堂读书时，写毛笔字经常在门口一个水池洗毛笔、洗砚，时间一久，水池的水变成了黑墨水。苏颂成名以后，乡亲百姓就将这水池称为洗墨池，以此纪念他。

苏颂人很聪明，学习成绩好，22 岁那年，也就是在庆历二年，进

图 8-1　苏颂

京考试中了进士，被任命为江苏江宁县令，后来他调到安徽任知州。苏颂直到72岁才任宋哲宗皇帝的宰相，77岁他告老还乡，住在江苏丹阳，并没有回到家乡同安。

苏颂一生从政56年，从地方知县做到中央宰相，历经五朝。苏颂博学多才，他在科学技术方面的成就远远超过他的政绩。

苏颂在朝廷内国史馆担任集贤校理9年时间，每日坚持背诵两千字，回家就默记下来。他知识丰富，著有《本草图经》21卷，还编修一部记录宋辽八十多年外交历史的《华戎鲁卫信录》，有250卷。他编写的《本草图经》成为举世瞩目的药物科学巨著，在中外药物学上占有重要的地位。明代药物学家李时珍在他闻名中外的《本草纲目》里也引用了《本草图经》的不少内容。

这位古代科学家苏颂一生最大的贡献还在于他研究复制了一台名叫"水运仪象台"的仪器，在天文学和机械制造领域登上11世纪的世界高峰。东汉张衡发明的水运浑天仪已经失传。苏颂到了68岁时，应用丰富的天文、数学、机械学的知识，组织几位科学家，花了两年时间成功研究复制了水运仪象台。

苏颂制造的这台天文仪器，把天文观察、天象演示和自动报时集中在一起，就是一座自动化的天文台，也是世界上最古老的天文钟。

● 集大成的水运仪象台。北宋庆历二年（1042年），年仅22岁的苏颂与后来的北宋名臣王安石同榜考中进士，从此踏上了仕途。苏颂先后担任过馆阁校勘、集贤校理等官职，负责编定书籍，这份"编辑"工作他一干就是9年。这9年间，苏颂博览皇家藏书，积累了渊博的知识，为他之后的工作打下了坚实的基础。

元祐元年（1086年），苏颂奉命去检验太史局的各种浑仪。他发现这些仪器只能单独使用，无法相互配合，于是就想制造一种能将浑仪、浑象和报时装置结合在一起的综合性仪器。苏颂找到吏部官员韩公廉和他共同研制新仪器。韩公廉不仅精通数学，而且擅长制作"机巧之器"。他根据"总工程师"苏颂的构想，写出了《九章勾股测验浑天书》，从理论上证明了这种构想是可行的，然后做出了一座水轮驱动装置的木模型。苏颂认为韩公廉的设计很有可取之处，又在此基础上提出了改进意见。

经过反复论证和不断改进，新仪器的设计方案终于敲定了。元祐二年（1087年）9月，宋哲宗批准了有关制造新天文仪器的奏请。苏颂召集了一批能工巧匠，开始了将模型变成实物的研制历程。从元祐三年到元祐七年（1088—1092年），一座高约12米，宽约7米，集浑仪、浑象和报时器于一体的高台式建筑终于完工了。因为该装置可利用水力自动运行，所以苏颂将其命名为水运仪象台。其具有观测、演绎天象以及计时的功能，是现代天文台的标准配置，因此可算得上是现代天文台的鼻祖了。

后来，苏颂又专门为水运仪象台写了设计说明书——《新仪象法要》。该书不仅讲述了建造水运仪象台的原因和经过，还用图解的形式详细介绍了它的总体构造和各个部件。该书是我国现存最早的水力运转天文仪器专著，书中的结构图是现存最古老的机械图纸，真实地反映了当时的天文学和机械制造技术水平。

● 水运仪象台结构。如图8-2所示，上层为浑仪，用来观测天体。九块活动的屋板，雨雪时闭合，防止仪器被侵蚀，观测时可以自由拆开，是现代天文台可以开合的球形台顶的鼻祖；中层为浑象，用来演示天体运行，天球在机轮的带动下会旋转，一昼夜转动一圈，真实再现了星辰的起落等天象变化；下层为司辰，用来自动报时，门里装置有五层木阁，利用木人敲击出不同的声音来定时报时，利用举牌木人来显示时刻。

图 8-2 水运仪象台的结构

● 五层木阁解析。第一层木阁,负责全台的标准报时。时初,左门红衣木人摇铃;时正,右门紫衣木人扣钟;每过一刻,中门绿衣木人击鼓。木人动作由昼时钟鼓轮控制。注意,古代一天分成 12 个时辰,1 个时辰大约是我们现在的 2 小时。每个时辰又分为时初和时正,时初、时正的报时就和我们现在钟表的整点报时一样。

第二层木阁,负责报告时初、时正。红衣、紫衣木人各 12 个,执时辰牌,依次写着子初、子正、丑初、丑正等。时初,红衣木人拿着时辰牌出现;时正,紫衣木人拿着时辰牌出现。木人的动作由昼夜时初正轮控制。

第三层木阁,负责报告时刻。绿衣木人 96 个,执刻数牌,依次写着初刻、二刻、三刻、四刻等。每到一刻，绿衣木人持刻数牌出现。木人的动作由报刻司辰轮控制。

第四层木阁，负责晚上报时。逢日落、黄昏、各更、破晓、日出时，击钲木人击钲报时。木人的动作由夜漏金钲轮控制。

第五层木阁，负责晚上报时。红衣木人 11 个，绿衣木人 30 个。逢日落、黄昏、各更、破晓、日出时，红衣木人持牌出现。各筹（点），绿衣木人持牌出现。木人的动作由夜漏司辰轮控制。

● 动力机构。如图 8-3 所示为机械传动系统，是水运仪象台的心脏。它的运行依靠水力驱动。

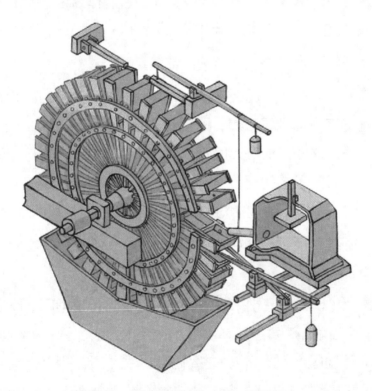

图 8-3　水运仪象台的机械传动系统示意

枢轮顶部和边上附设一组杠杆装置，相当于钟表中的擒纵器。枢轮直径达 3 米多，有 72 条木辐，连接着 36 个水斗和钩状铁拨子。

● 浑仪、简仪和浑象。中国是世界上很早就对周天恒星的位置进行精密测量的国家之一。这一切成就与以浑仪、简仪和浑象为代表的天文仪器分不开。

浑仪是我国古代的一种天文观测仪器，其发明时间可追溯到汉武帝太初改历期间，其发明者为来自巴郡的天文学家落下闳。浑仪的设计构想是建立在浑天说基础之上的，因而得名浑仪。东汉天文学家张衡担任太史令期间，曾制作过一架浑仪，并将其安置在大名鼎鼎的灵台上。然而，不论是落下闳的浑仪，还是张衡的浑仪，后人都只知其名而不知其具体结构。第一架有明确结构描写的浑仪是孔挺浑仪。根据《隋书·天文志》记载，这是一架铜制仪器，由内外两重结构组成。历代天文学家在此基础之上进行改进，从而发明出各不相同的浑仪。北宋是制作浑仪最多的一个朝代，从至道元年（995年）到宣和六年（1124年）共制造了7架大型浑仪，水运仪象台就是其中之一。

在北宋沈括之前，历代天文学家对孔挺浑仪的改进主要是施行加法，结构从之前的二重加到了三重，除了先前就有的赤道环，又陆续加了黄道、白道等环。这些"加法"固然代表了古人对天文学的认识在不断增加，但同时也导致了结构更复杂、制作和操作更困难、环与环互相遮挡等弊病。在这种背景下，沈括对浑仪施行了"减法"，取消了白道环，调整了黄道、赤道和地平环的位置，并将它们做成扁平环，以减少对视线的遮挡。

沈括之后，明代天文学家郭守敬又对浑仪进行了彻底的改造和简化。他不仅取消了白道环和黄道环，还将浑仪拆成了赤道经纬仪和地平经纬仪两部分，从而形成了简仪，也就是简化版的浑仪。至今我们仍能在紫金沙天文台看见郭守敬版的简仪。当然，这并不是郭守敬的原作，而是明英宗正统二年（1437年）人们根据郭守敬所制简仪仿制的。明清两代的钦天监都曾用它来观测天象。

浑象是一种表现天体运动的演示仪器，类似于现代的天球仪。从外观来看，它就是一个可绕轴转动的圆球，球面上标有星宿、赤道和黄道等天文信息。浑象的发明者是西汉天文学家耿寿昌，东汉时张衡又对其进行了改进。据《晋书·天文志》记载，张衡曾制作了一座用水力驱动的天球模型，正是它催生了苏颂发明水运仪象台。

水运仪象台是中国古代天文学和天文仪器技术的集大成者，成功地将浑仪、浑象、时钟三合一。其顶部的九块活动屋板、浑仪的四游仪窥管和擒纵控制枢轮的"天衡"系统，都是世界首创。也正因此，水运仪象台被誉为中国古代第五大发明。

英国科学家李约瑟认为：水运仪象台可能是欧洲中世纪天文钟的祖先。瑞士钟表界的权威刊物《百达翡丽》也表示：水运仪象台里边装置了全世界第一个擒纵器，而欧洲运用这个原理制造钟表则是在中国这个擒纵器问世3个世纪以后的事情了。

趣闻轶事

北宋历史上著名的"三舍人事件"

宋神宗熙宁年间，神宗任用王安石变法。为了聚集力量推动变法，王安石请求神宗破格提拔一名地方官李定，神宗答应了，然后指令时任中书舍人的苏颂起草破格提拔任命书。苏颂一看，这种提拔不符合"破格"的条件，就把神宗的指令封好，说明原因，退了回去。神宗见状，就把指令再次发到中书部门，叫轮流值班的宋敏求起草。结果，宋敏求也觉得不符合"破格"规定，也将皇帝的指令封退了。经王安石的强烈要求，神宗第三次将指令发往中书部门，结果又被轮流值班的第三位中书舍人李大临封退。三名中书舍人一致表示：宁可被撤职，也不做这种违反程序的事。

聪明的神宗感到这种办法可能行不通，就干脆直接召见苏颂，说"破格"任用李定"不为越法"，指令苏颂"速为草制"，但苏颂还是不动笔。

宋神宗见软的不行，就来硬的，说："这一份任命诏书，这么长时间都没有制作出来,这恐怕也是有罪的吧!"苏颂说:"坚持上祖的规制,这是为臣的操守!"

指令被第四次封退,宋神宗并没有气馁,他要宰相曾公亮去劝说,照旧被苏颂退了回来。最后,宋神宗可能是忍无可忍了,就将苏颂、李大临、宋敏求中书舍人的职务给撤了,苏颂重新回归工部任郎中。

苏颂发明了擒纵器

 你知道吗?

苏颂一生标志性的贡献,在于他制成了水运仪象台——世界上第一座天文钟。元丰八年,奉宋哲宗的诏命,苏颂组织了一批科学家,并运用自己丰富的天文、数学、机械学知识开始设计制作水运仪象台,历时3年终于告成。仪象台以水力运转,集天文观察、天象演示和报时三种功能于一体,是世界上最早的天文钟,近代钟表关键部件"天关"(即擒纵器)也是在那时发明的。

在瑞士,有一本世界钟表界的权威书刊上写道"现代机械钟表中使用的擒纵器源自中国古代苏颂的发明。"宋代科学家苏颂又发明了"天球仪",英国著名科技学家李约瑟的书中记载"苏颂将钟表机械和天文观察仪器结合,在原理上已经完全成功,他比罗伯特·胡克先行了六个世纪,比方和斐与胡克——被西方认为是天文钟表的发明人先行七个半世纪。"12世纪以后,中国钟表技术传入欧洲,欧洲人才造出钟表,可以说是中国人开创了人类钟表史,并影响了后来西方钟表的进展。

第 9 章
单摆机械钟的创始人

● 单摆机械钟。单摆机械钟（图 9-1）发明于 1657 年，是时钟的一种，用摆锤控制其他机件，使钟走得快慢均匀，一般能报点。它是根据单摆定律制造的。摆动的钟摆是靠重力势能和动能相互转化来实现摆动的。简单地说，如果你把摆锤拉到一定高度，由于重力影响它会往下摆，而到达最低位置后它具有一个速度，不可能直接停在那（就好像刹车不能一下子刹住一样），它会冲过最低位置，而摆至最高位置就往回摆是因为重力使它的速度减到了 0（就像往空中扔东西，这个东西升到一定高度后上升速度会减到 0，然后落下）。如此往复，钟摆就不停地摆动了。

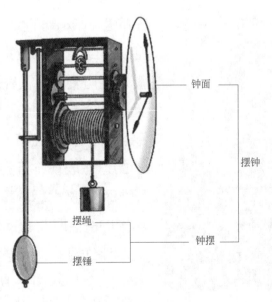

图 9-1　单摆机械钟

按照上述说法，钟摆可以永远摆下去，但由于阻力存在，它的摆动逐渐减小，最后停止。所以要用发条来提供能量使其摆动。

- 摆钟的机械原理。机械摆钟有两个发条动力源，一个为走时动力源，一个为报时动力源。走时齿轮带动时针、分针显示时间。报时齿轮带动钟锤敲打盘条报时。由于发条动力初始力量较大而末尾力量较小，因而齿轮速度就有变化，造成计时误差。为了克服这个问题，采用钟摆限制计时齿轮的走时速度，这种方案计时很精确，并且发展到手表中的摆轮。

- 摆钟的单摆原理。摆钟的单摆原理利用了单摆的等时性，等时性可以用来计时。而单摆的周期公式是：

$$T=2\pi\sqrt{\frac{l}{g}}$$

式中，T 是周期；l 是摆长；g 是重力加速度。通过公式及其推导可以看出，单摆运动靠的是重力和绳子的拉力。而摆动的周期仅仅取决于摆长和重力加速度。地球重力加速度固定，控制摆长可以调整周期。

- 伽利略最初的发现。伽利略（图 9-2）是一位伟大的物理学家，1564 年出生于意大利比萨城的一个没落贵族家庭。他出生不久，全家就移居到佛罗伦萨近郊的一个地方。在那里，伽利略的父亲万桑佐开了一个店铺，经营羊毛生意。孩提时的伽利略聪明可爱、活泼矫健、好奇心极强。他从不满足别人告诉他的道理，喜欢亲自探索、研究和证明问题。对于儿子的这些表现，万桑佐高兴极了，希望伽利略长大后从事既高雅、报酬又丰厚的医生职业。1581 年，万桑佐把伽利略送到比萨大学学医。可是，伽利略对医学不感兴趣，他把相当多的时间用于钻研古希腊的哲学著作，学

图 9-2　伽利略

习数学和自然科学。

伽利略每周都坚持到教堂做礼拜。有一次伽利略到教堂做礼拜，礼拜开始不久，一位工人给教堂中的大吊灯添加灯油时，不经意触动了吊灯，使它来回摆动。摆动着的大吊灯映入了伽利略的眼帘，引起了他的注意。伽利略聚精会神地观察着，他感觉到吊灯来回摆动的时间好像是相等的。伽利略知道人的脉搏是均匀跳动的，于是，他利用自己的脉搏计时，同时数着吊灯的摆动次数。起初，吊灯摆动的幅度比较大，摆动速度也比较大，过了一会儿，吊灯摆动的幅度变小了，摆动速度也变慢了，此时，他又测量了吊灯来回摆动一次的时间。让他大为吃惊的是，两次测量的时间是相同的。于是伽利略继续测量吊灯来回摆动一次的时间，直到吊灯几乎停止摆动时才结束。可是每次测量的结果都表明来回摆动一次需要相同的时间。通过这些测量使伽利略发现：吊灯来回摆动一次需要的时间与摆动幅度的大小无关，无论摆幅大小如何，吊灯来回摆动一次所需时间是相同的。也就是说吊灯的摆动具有等时性，或者说具有周期性。

通过在教堂中的观察，伽利略已经知道，摆动的周期跟摆动幅度无关。他猜想，摆动的周期是否跟吊灯的轻重有关呢？是否跟吊绳的长短有关呢？还有没有其他因素呢？

为了模拟吊灯的摆动，他找来丝线、细绳和大小不同的重物，如木环、铁环、铜环等实验材料，用细绳的一端系上重物，将另一端系在天花板上，这样就做成了一个能够产生往复摆动的装置——单摆，如图9-3所示，将细杆或不可伸长的细柔绳（重力忽略不计）一端悬于重力场内一定点，另一端连接一个重物，就构成单摆。用这套装置，伽利略继续测量，探索摆动的周期。他先用铜环进行实验，又分别换用铁环和木环进行实验。实验使伽利略看到，无论用铜环、铁环还是木环进行实验，只要摆长不

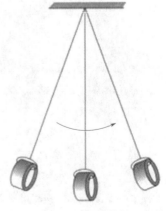

图9-3 单摆

变，来回摆动一次所用时间就相同。这表明单摆的摆动周期与摆锤的质量无关。伽利略又做了十几个摆长不同的摆，逐个测量它们的周期。实验表明：摆长越长，周期也越长，摆动得就越慢。

在实验基础上通过严密的逻辑推理，伽利略证明了单摆的周期与摆长的平方根成正比，与重力加速度的平方根成反比。这样，伽利略不但发现了单摆的等时性，而且发现了决定单摆周期的因素。伽利略是一位善于解决问题的科学家，发现了单摆的等时性，他就提出了应用单摆的等时性测量时间的设想。

单摆等时性的发现，奠定了制造摆钟的坚实基础，为人类更加精确地测量时间开辟了道路。伽利略曾经提出利用单摆的等时性制造钟表，并且让他的儿子维琴佐和维维安尼设计了制造钟表的图纸，但是，他们却没有把钟表制造出来。后来，荷兰物理学家惠更斯从理论和实验两个方面进行了大量研究，得出了单摆的周期公式。他不断改进技术，于1656年制造出人类有史以来的第一个摆钟，使伽利略制造钟表的设想变为现实。惠更斯把制造的"有摆落地大座钟"献给了荷兰政府。1657年，他取得了摆钟的专利权。

● 单摆机械钟的发明人——克里斯蒂安·惠更斯。克里斯蒂安·惠更斯（图9-4），荷兰人，世界知名物理学家、天文学家、数学家和发明家，机械钟的发明者。

图9-4 克里斯蒂安·惠更斯

惠更斯1629年出生于荷兰的海牙。他的祖父，也叫克里斯蒂安·惠更斯，作为秘书效力于毛里斯亲王。1625年，他的父亲康斯坦丁成为亲王弗雷德里克·亨利的秘书，而且正如克里斯蒂安的哥哥、另一位康斯坦丁那样，在随后的生涯中一直服务于奥兰治家族。基于效命于奥兰治王室的外交事务传统，惠更斯家族一直有一个坚实的教育和文化传统。惠更斯的祖父积极参与孩子们的教育，于是惠更斯的父亲在文学和科学方面都极为博学。他曾与梅森和笛卡儿有过通信，笛卡儿受到过惠更斯在海牙对他的很好的招待。康斯坦丁是一个对艺术很有品位的人，有绘画才能，也是一个音乐家、多才的作曲家，还是一个杰出的诗人。他那些用荷兰文和拉丁文写下的诗篇，令他在荷兰文学史上获得了很高的地位。

就像他的父亲一样，康斯坦丁积极地致力于孩子的教育。惠更斯和哥哥康斯坦丁在家中接受父亲和私人教师的教育，惠更斯从小就很聪明。13岁时曾自制一台车床，表现出很强的动手能力。一直到16岁，兄弟俩学习了音乐、拉丁语、希腊语、法语、一些意大利语，以及逻辑、数学、力学和地理学方面的知识。作为一个非常有天分的学生，惠更斯在幼年就展示出了对理论研究的浓厚兴趣以及对实际应用与建造的洞察能力，这也成了他后来科学工作的特点。

他16岁时进入莱顿大学，主要研究法学，也研究数学，而且都取得了很好的成绩。两年后他转入布雷达学院深造，在阿基米德等人的著作及笛卡儿等人的直接影响下，他的兴趣转向了力学、光学、天文学及数学。他善于把科学实践和理论研究结合起来，透彻地解决问题，因此在摆钟的发明、天文仪器的设计、弹性体碰撞和光的波动理论等方面都有突出成就。

● 人类对精密计时的需求，来源于航海事业的发展。1488年，葡萄牙人迪亚斯率领船队抵达非洲南端的好望角，意大利人哥伦布1492年开辟了通往美洲的新航线，1497~1498年，葡萄牙探险家达伽马开辟了欧洲从海上直通印度的新航路。人们开始了大规模的远洋航行。

远洋航行，在漫无边际的大洋中，四面看不到任何标记，人们唯一能够看到的是天上的日月星辰，就凭这天上的标记要精确定位航船所在的位置，确实有些困难。

根据航船所在位置的纬度进行定位是比较容易的。只要测量某个恒星的角度，因为那些恒星的纬度是早已编制好的，由观测到的指定恒星的纬度，立刻能够计算出所处地点的纬度。

我们知道，要确定航船的位置，除了纬度外还需要一个经度，测量经度需要准确知道当时航船起航的准确时间，所以钟表的准确度是测量经度的重要条件，因此研究准确的计时装置是当务之急。

据记载，从1602年起，伽利略就注意到单摆运动的等时性，1637年曾建议利用钟表来确定经度，不过他误认为在大摆动时等时性也是成立的。他曾经建议利用等时性制作钟表，由于不久逝世而没能实现。

尽管伽利略关注单摆的研究比惠更斯早了大约十年，不过最早系统和深入地研究单摆的人应当是惠更斯。他不仅从理论上研究清楚了单摆运动规律，而且根据得到的运动规律设计了摆钟。1657年他取得了关于摆钟的专利权。

● 惠更斯对摆的研究。对摆的研究是惠更斯所完成的最出色的物理学工作。多少世纪以来，时间测量始终是摆在人类面前的一个难题。当时的计时装置诸如日晷、沙漏等均不能在原理上保持精确。直到伽利略发现了摆的等时性，惠更斯将摆运用于计时器，人类才进入一个新的计时时代。

当时，惠更斯的兴趣集中在对天体的观察上，在实验中，他深刻体会到了精确计时的重要性，因而便致力于精确计时器的研究。当年伽利略曾经证明了单摆运动与物体在光滑斜面上的下滑运动相似，运动的状态与位置有关。惠更斯进一步证明了单摆振动的等时性并把它用于计时器上，制成了世界上第一架计时摆钟。这架摆钟由大小、形状不同的一些齿轮组成，利用重锤作单摆的摆锤，由于摆锤可以调节，计时就比较准确。在他随后出版的《摆钟论》一书中，惠更斯详细地介绍了制作有摆自鸣钟的工艺，还分析了钟摆的摆动过程及特性，首次引进了"摆动中心"的概念。他指出，任一形状的物体在重力作用下绕一水平轴摆动时，可以将它的质量看成集中在悬挂点到重心之连线上的某一点，以将复杂形体的摆动简化为较简单的单摆运动来研究。

惠更斯在他的《摆钟论》中还给出了他关于所谓的"离心力"的基本命题。他提出：一个做圆周运动的物体具有飞离中心的倾向，它向中心施加的离心力与速度的平方成正比，与运动半径成反比。这也是他对伽利略摆动学说的扩充。

在研制摆钟时，惠更斯还进一步研究了单摆运动，他制作了一个秒摆（周期为2秒的单摆），推导出了单摆的运动公式。在精确地取摆长为3.0565英尺（1英尺=30.48厘米）时，他算出了重力加速度为$9.8m/s^2$。这一数值与我们现在使用的数值是完全一致的。惠更斯得到了在小摆动下，摆动周期的精确公式。不仅如此，他在1659年研究渐屈线和摆动中心的理论中得到在大摆幅下，摆动周期不再是等时的，而是和摆幅有关的结论。

惠更斯禁不住想："既然物体的摆动有等时的特性，那么，如果能利用物体摆动的力来驱使钟里的齿轮转动，不是可以得到更准确的时间吗？"所以他在此基础上又做了进一步研究，确定了单摆振动的周期与摆长的平方根成正比的关系。经过一连串的反复实验后，惠更斯终于设计出一个钟摆机构，取代塔钟里的平衡轮，并在1656年委托制钟匠，成功地制造出第一座用摆的振动来计时的时钟。

● 惠更斯摆钟的基本结构。如图9-5所示为惠更斯摆钟的基本结构。钟的机械动力仍由重锤提供，但擒纵器的摆动频率由单摆控制。一个与擒纵器心轴连在一起的L形杆伸向单摆，L形杆的杆头分叉，刚好卡住刚性的摆棍，单摆摆动时带动L形杆转动，从而把摆动的频率传递给擒纵器。摆钟的优越性在于，单摆的频率与推动它的初始力量无关，而只与重力和摆长有关，这样守时机构就真的不再受到动力机构的干扰了。之后，惠更斯又发明了一种游丝摆轮装置。游丝是一个螺旋形的弹簧，连在摆轮上，摆轮向一个方向转动，使游丝发生形变，产生一个力拉动摆轮回转，在转过平衡位置后，游丝再一次发生形变，又产生一个反向的力，重新把摆轮拉回来。这样就能维持一种周期性的振动，像横摆、单摆一样，用来控制擒纵器的频率。游丝摆轮与单摆一样独立于动力机构，其频率不受其他机械部分影响，而利用游丝摆轮制成的钟表相对于摆钟的优点主要在于不依靠重力，因此只要设计合理，那么其在移动中仍可准确走时，也就意味着更加便携。后来英国人哈里森发明的第一台能够精确运行的航海钟就采用了这种机构。

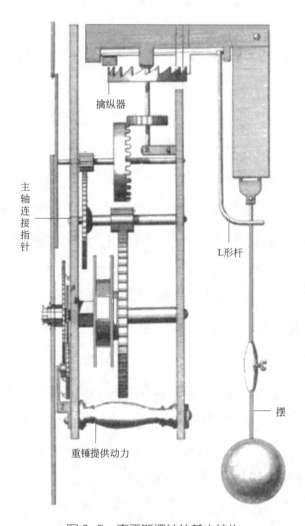

图9-5 惠更斯摆钟的基本结构

惠更斯的摆钟比起以往的各种计时装置精度大为提高。如果说以往的钟表昼夜误差是在10分钟左右，那么摆钟的昼夜误差则可以减小到10

秒左右。这一下给航海定位带来巨大的希望。因为时间误差 1 秒时定位的误差不到半海里。这样的误差是完全能够接受的。但是，最初的摆钟是很娇气的。它只有安静地摆放在那里时，才能很好地工作，而要把它搬运到颠簸的轮船上，不仅会加大误差，甚至会停摆罢工。为了克服摆钟的缺点，惠更斯发明了螺旋式的游丝摆轮，如图 9-6 所示。1674 年，惠更斯制造了弹簧摆轮的钟表。大约在同时，英国的胡克也发明了游丝摆轮。游丝用来控制摆轮等时的往复运动，这个钟表里弹性元件的出现让钟表向着更加精密的方向发展，为近代游丝怀表和手表的发明创造了条件。

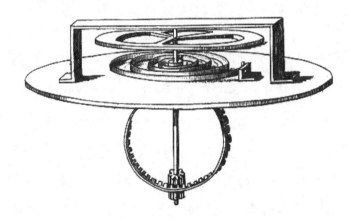

图 9-6　螺旋式的游丝摆轮

惠更斯摆钟的未解之谜

趣闻轶事　　1665 年，惠更斯无意间发现，无论两个摆锤从哪里或者什么时候开始摆动，在大约半小时内，它们最终总会以相同的频率彼此相反地摆动。为了验证，惠更斯拿来了两个摆锤，在不同的时间释放，结果也一样。

为什么挂在同一面墙上的钟摆可以相互影响，并随着时间流逝慢慢同步呢？惠更斯认为，这是由于钟摆之间有一种神秘的"沟通"方式。然而几个世纪以来，由于缺少测量钟摆之间互动的精确工具，始终没有人知道其中的奥秘。

直到 2002 年，美国的研究者对这一问题重新进行了实验，发现摆锤的重量比整个摆钟结构的重量轻很多时，就会出现惠更斯当时看到的奇怪现象。但一些科学家并不买账，他们认为这个实验并没有解释清楚钟摆的重量为什么会影响摆钟。从惠更斯留下的手稿来看，也无法解释为什么钟摆会在半小时内同步。

由于此前的研究者使用的摆钟多为商业和通用钟表的缩小版本，和惠更斯使用的并不一样。于是在2015年，葡萄牙的研究者仿照惠更斯当时使用的摆钟，制作出了两个复杂的摆钟，然后悬挂到铝梁上，并用高精度光学传感器测量钟摆摆动的周期。果然，在一段时间后，摆锤开始以相同的幅度反方向摆动。

随后，这位研究者又把两个摆钟放在一张木桌上，奇怪的现象出现了：此时，钟摆并没有朝相反的方向摆动，它们摆动的方向完全相同！

这到底是为什么呢？通过模拟摆钟的数字模型，研究者们终于找出了答案。原来，惠更斯在三百多年前的预测是正确的，两个摆钟确实存在"沟通"，而"沟通工具"竟然是连接两个摆钟的支撑物，比如木桌，两个摆钟通过木桌在交换能量。而支撑材料的刚度、厚度和质量都会影响摆钟同步的方式以及摆钟的时间准确程度。那么，这些悬挂材料之间传递的是什么能量呢？答案是声音。

走动着的摆钟的声音能量在连接着它们之间的材料间穿梭，导致它们最终出现了摆幅相同的共振现象。原来，钟摆、齿轮等装置靠相互产生的推力运动，每个结构的机械运动都会产生少量的声能，当一个钟摆"嘀嗒"摇摆了一声，这些声音能量会在两者的传导物之间传播，并进行能量交换，两个钟摆的摆幅会因此微调，直到它们共振，出现一个钟摆与另一个钟摆同步的现象。

虽然摆钟之间的支撑材料可以传播声能，让两个钟摆出现同步现象，但当研究者将两个摆钟的齿轮驱动机构制造得更加平滑时，就应该不会产生那么大的能量脉冲，可结果竟然是两个摆钟仍然出现了同步现象，这说明除了声能，肯定还有其他因素的影响。科学家们只是揭开了惠更斯摆钟之谜的一层面纱，在这个看似简单的问题背后，一定还隐藏着其他没有被找到的答案。

钟摆是时钟机件的一部分，是根据单摆的原理制成的。钟摆左右摆动，通过一系列齿轮的作用，使指针以均匀的速度转动。

根据能量守恒，当一个摆锤所处的初始位置越高，它摆过最低点后能够到达对面的位置就越高，在最低点时的动能最大，势能为零，最高点时势能最大，动能为零。

第 10 章

机械钟表的前世今生

什么是钟表呢？钟表是钟和表的统称。在机械工程上，钟和表都是计量和指示时间的精密仪器。钟表"嘀嗒"的声音虽然单调，但是却像数学一样精确。那么你知道我们的先辈是怎样创造了钟表这种计时工具的吗？

图 10-1 日晷

● 最早的计时工具——日晷（图 10-1）。时间对于人类非常重要，古人很早就开始研究计时工具。古巴比伦王国发明了土圭，是根据太阳投影长短和方位的变化来判断时间。但遇有阴雨天便无法遵循这一规律计时了。后来，人们在生活中发现，物体在阳光下能形成阴影，于是，人们根据太阳投射在地上的影子的长短情况制成了日晷。日晷是利用日影的方位计时的。

日晷通常由铜制的指针和石制的圆盘组成。铜制的指针叫作"晷针"，垂直地穿过圆盘中心，起着圭表中立竿的作用，因此，晷针又叫"表"；石制的圆盘叫作"晷面"，安放在石台上，南高北低，使晷面平行于天赤道面，这样，晷针的上端正好指向北天极，下端正好指向南天极。

晷两面都有刻度，分子、丑、寅、卯、辰、巳、午、未、申、酉、戌、亥十二时辰，每个时辰又等分为"时初""时正"，这正是一日 24 小时。随着时间的推移,晷针上的影子慢慢地由西向东移动。移动着的晷针影子好像是现代钟表的指针,晷面则是钟表的表面,以此来显示时刻。早晨,影子投向盘面西端的卯时附近。当太阳达正南最高位置(上中天)时,针影位于正北(下)方,指示着当地的午时正时刻。午后,太阳西移,日影东斜,依次指向未、申、酉各个时辰。但是日晷在阴雨天也无法计时。

● 古代的计时工具。随着人们对自然的认识逐渐深入,为了克服日晷的不足,人们制成了漏壶(图10-2),也叫"漏"的计时装置。漏壶以水钟为主,因为我国北方冬天天气寒冷,水易结冰,出现了用流沙代替水的沙漏。水钟一般用铜制成,分播水壶和受水壶两部分,播水壶分2~4层,均有小孔,可以滴水,最后流入受水壶,受水壶里有浮舟,浮舟上有一立箭,箭上划有刻度,箭随蓄水逐渐上升,露出刻度,用以表示时间。日晷除了阴雨天无法计时外,夜里也不能用,漏壶则不受天气的影响和昼、夜的限制,但也有缺点,就是计时还不精确。

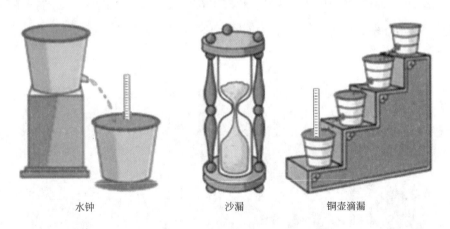

水钟　　　　沙漏　　　　铜壶滴漏

图10-2　古代的计时工具

● 最早出现的机械钟——漏水转浑天仪。最早出现的机械钟是东汉张衡发明的漏水转浑天仪,由齿轮将浑象和计时漏壶连接起来制作而成。漏壶漏水推动浑象匀速旋转,转一周就是一天。

● 水运仪象台。1088年,北宋时期,把浑仪、浑象和报时装置结合在一起的大型水运仪象台,是苏颂、韩公廉等人设计制造的。水运仪象台不但计时准确,而且多了一个小装置——擒纵器,号称是机械钟表的"心脏"。只有擒纵器工作时才会发出"嘀嗒嘀嗒"的声音,这也就是钟表与计时器的根本区别。

水运仪象台被誉称为世界时钟鼻祖,为人类做出了巨大贡献。

● 重锤式机械钟。1350 年,意大利的丹蒂制造出第一台结构简单的机械打点塔钟,日差为 15 ~ 30 分钟。这种机械钟用于欧洲的教堂高塔上,利用重锤下坠的力量带动齿轮,齿轮再带动指针走动,并用擒纵器控制齿轮转动的速度,以得到比较正确的时间。但是,利用重锤驱动的钟,只能高高地架在塔上,很不实用。

如图 10-3 所示为重锤机械钟主要工作机构的简化图。这种钟以一个重锤提供驱动力,悬挂重锤的绳子缠绕在一根轴上,重锤下落,带动轴转动,并将转动传递给守时机构。守时机构包括一套擒纵装置和横摆,擒纵装置主要由棘轮和带棘爪的心轴组成,心轴上方与横摆相连。当棘轮在重锤的带动下转动,上方的轮齿推开心轴上部的棘爪,使心轴转过一个角

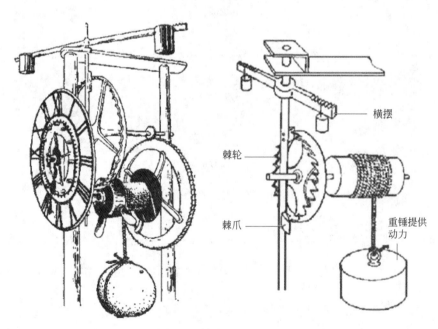

图 10-3 重锤机械钟

度，而这样刚好又使心轴下部的棘爪转过来挡在下方轮齿的去路上，棘轮继续转动将它推开后，心轴就转回原来的位置，完成了一次摆动。心轴每摆动一次，棘轮都转过一个相同的角度，而这种摆动的频率通过连在心轴上的横摆得到控制，这样，将棘轮的运动通过中轴传递给表盘上的指针，指针就可以匀速转动了。

此外，由于横摆摆动的频率与横摆的转动惯量和棘轮施加给它的力量大小有关，而后者又最终由重锤所受的重力决定，不易调节，因此为方便对钟表运转速度进行调试，横摆两端的配重物被设计成可以移动的，向外移则横摆的转动惯量增大，钟速变慢，向内移则转动惯量减小，钟速变快。这种钟的缺点在于，重锤提供的驱动力在维持主要机械部分运转的同时，也是推动横摆摆动的唯一力量，而这个推力与横摆的摆动频率相关，当重锤提供的动力经过多重机械结构最终传递到横摆以后，其间的误差已经积累得非常大了。因此这种钟走得很不准确。

● 机械钟表的发展。1510 年，德国锁匠彼得·亨莱思首次用钢发条代替重锤，创造了用冕状轮擒纵机构的小型机械钟表，然而这种表的计时效果并不理想。发条若是上得太紧，指针就会走得过快；发条若是上得过松，指针就会走得很慢。

好在人们的智慧是无穷的，这一缺点很快得到了改进，捷克人雅各布·赫克设计出了一个锥形蜗轮，再加上一卷发条组成表的驱动机构，发条卷紧，力作用于锥形蜗轮的顶端；发条放松，拉力减弱，力作用于蜗轮底部，蜗轮的形状恰好能补偿发条作用的变化，这样一来，钟表机械就可以保持匀速地运转，不会出现发条的松紧不同导致时针走速不同的现象。

● 单摆机械钟。约在 1582 年，意大利物理学家伽利略注意到教堂里悬挂的那些长明灯被风吹后，有规律地摆动，他按自己脉搏的跳动来计时，发现它们往复运动的时间总是相等，由此发现了摆的等时性。1657

年，荷兰物理学家惠更斯根据伽利略的发现将钟摆引入到了时钟上，制作出了世界上第一台精确的摆钟，这使人类进入了一个新的计时时代。这架摆钟由大小、形状不同的一些齿轮组成，利用重锤作单摆的摆锤，由于摆锤可以调节，计时就比较准确。

单摆机械钟（图10-4）相较于以前的需要驱动机构来推动对称横壁的钟表显然要省事得多，因为它是利用地球的重力来推动的。再到后来，单摆被应用于时钟，时钟的精度也随之越来越高。到了17世纪中叶，钟表的误差每天只有10秒。

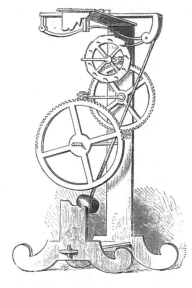

图10-4 单摆机械钟

● 游丝摆轮（图10-5）的发明。惠更斯的摆钟，比起以往的各种计时装置精度大为提高。但是，最初的摆钟只能安静地摆放在那里，才能很好地工作。如果把它搬运到颠簸的轮船上，不仅会加大误差，甚至会停摆罢工。为了克服摆钟的缺点，惠更斯发明了螺旋式的游丝摆轮，1674年，惠更斯制造了弹簧摆轮的钟表。大约在同时，英国的胡克也发明了游丝摆轮。惠更斯和胡克发明的游丝摆轮，游丝用来控制摆轮等时的往复运动，这个钟表里弹性元件的出现，让钟表向着更加精密的方向发展，为近代游丝怀表和手表的发明创造了条件。

图10-5 游丝摆轮

- 机械钟表的灵魂——擒纵机构。擒纵机构是机械钟表中一种传递能量的开关装置。从字面上就能很好地理解擒纵机构在机械钟表中所扮演的角色"一擒，一纵；一收，一放；一开，一关"。擒纵机构将原动系统提供的能量定期地传递给游丝摆轮系统，使其不停地振动，并把游丝摆轮系统的振动次数传递给指示系统来达到计时的目的。因此，擒纵机构的性能将直接影响机械手表的走时精度。擒纵机构的起源现已很难考据。13世纪的法国艺术家 Villard De Honnecourt 就已发明出擒纵机构的雏形，这个仪器看上去是一个计时装置，但走时不精确。随后的几百年，迎来了机械钟表的黄金时代，大约有300多种擒纵机构被发明出来，但只有10多种经受住了时间的考验。

- 机轴擒纵机构。机轴擒纵机构（图10-6）是已知最早的机械擒纵机构，又被称为冠状轮擒纵机构。很遗憾，究竟是谁发明的机轴擒纵机构，它的第一次亮相又是何时，都已不可考证，但它似乎与机械钟表的开端有着密不可分的关系。

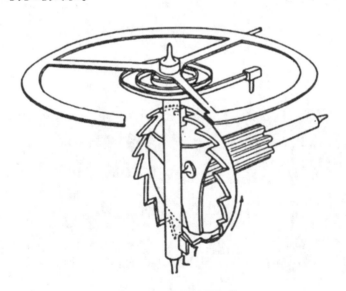

图10-6　机轴擒纵机构

机轴擒纵机构中的擒纵轮形似西方王冠，故称冠状轮（有些机轴擒纵机构的冠状轮是水平的，而有些则是垂直的），冠状轮的锯齿形轮齿向轴突出，前面是一根竖直的机轴，机轴上有两片呈一定角度的擒纵叉，运行时，冠状轮上的一个轮齿能与一片擒纵叉相咬合。

惠更斯制作出的摆钟，钟摆与机轴呈垂直方向。冠状轮旋转时，轮齿推动其中一片擒纵叉，转动机轴以及与其相连的摆杆，并推动第二片擒纵叉进入齿道中，直到轮齿推动第一片擒纵叉，如此往复。加入了钟摆之后，钟摆有规律的摆动使得机轴擒纵机构中的擒纵轮以恒定的速率向前移动。机轴擒纵机构的优点就是不需要加油，也不需要很精细的制作工艺；而缺点就是，每一次齿轮与擒纵叉咬合时，摆杆形成反作用力，推动冠状轮向后移动一小段距离。

● 锚式擒纵机构（图 10-7）。由英国博物学家 Robert Hooke 于 1660 年左右发明的锚式擒纵机构迅速地取代了机轴擒纵机构，成为摆钟所使用的标准擒纵机构。比起机轴擒纵机构，其钟摆的摆角减少了 3°～6°，等时性更好，而且其更长、移动更慢的钟摆消耗更少的能量。锚式擒纵机构大多用于狭长形的摆钟里。

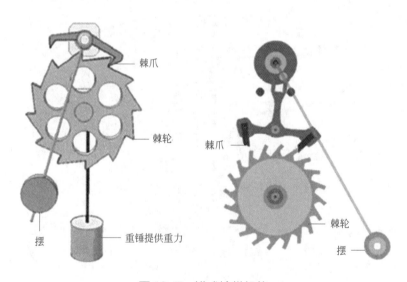

图 10-7　锚式擒纵机构

锚式擒纵机构的擒纵轮齿是后斜形的（与擒纵轮旋转的方向相反）。锚式擒纵机构由尖齿形的擒纵轮以及一个锚状轴组成。锚状轴与钟摆连接,从一边摆动到另一边。锚状轴两臂上的一个擒纵叉离开擒纵轮,释放出一个轮齿,擒纵轮旋转并且另一边的轮齿"抓住"另一个擒纵叉,推动擒纵轮。钟摆的动力继续将第二个擒纵叉推向擒纵轮,推动擒纵轮向后移动一段距离,直到钟摆向反方向摆动,并且擒纵叉开始离开擒纵轮,轮齿沿擒纵轮表面滑动,推动擒纵轮。

- 销子轮式擒纵机构。销子轮式擒纵机构(图 10-8)由 Louis Amant 于 1741 年左右发明,属于直进式擒纵机构的一种。擒纵轮齿不是尖齿形,而是圆销式的,擒纵叉也不是锚状的,而是剪刀式的。在实践中发现其"切割"锁面时只会产生非常小的反冲力。这种擒纵机构,经常被用于塔钟中。

- 工字轮擒纵机构。1695 年,英国制表师 Thomas Tompion 发明工字轮擒纵机构(图 10-9)。1720 年左右,Tompion 的继任者 George Graham 对其加以改进,其擒纵轮齿的形状类似于中国的"工"字。

图 10-8　销子轮式擒纵机构

图 10-9　工字轮擒纵机构

- 杠杆式擒纵机构。杠杆式擒纵机构是分离式的擒纵机构,从而使手表或时钟的计时完全避免来自擒纵机构的干扰。杠杆式擒纵机构是由英国制表师 Thomas Mudge 在 1750 年发明的,后来经过了包括 Breguet 和

Massey 在内的制表师们的开发，被应用到大多数机械手表、怀表和许多小型机械钟里。

英国制表师使用英式杠杆式擒纵机构，其中杠杆与摆轮成直角。随后，瑞士和美国的制表师使用内联杠杆式擒纵机构，顾名思义，摆轮与擒纵轮之间的杠杆是内联的，这是现代手表所使用的杠杆式擒纵机构，也被称为瑞士杠杆式擒纵机构。

杠杆式擒纵机构主要由擒纵轮、擒纵叉和双圆盘三部分组成。它的特点是利用擒纵轮齿与擒纵叉上的叉瓦在释放与传冲的过程中将原动系统输出的能量传递给擒纵叉，同时擒纵叉口又会与圆盘钉相互作用，擒纵叉通过圆盘钉将来自擒纵轮的能量传递给游丝摆轮系统。通过这一系列的杠杆原理，游丝摆轮系统源源不断地得到原动系统输出的能量以维持该系统不衰减地振动，从而完成机芯指示装置准确走时的使命。

到 1762 年，最好的机械表已经能够达到 3 天才差 1 秒的精确程度。随着人们对计时精度的要求和技术的提高，分针和秒针被安装在钟面上，使机械钟能更精确地显示时间。装有钟面和指针的机械钟使人能直观地了解时间。

● 机械挂钟结构。虽然机械钟有很多结构，但工作原理大同小异。它由原动系、传动系、擒纵调速器以及上条拨针系等元件组成。18～19 世纪，钟表制造业已经逐渐实现了工业化生产。

机械挂钟原动系是储存和传递工作能量的机构，分为重锤原动系和弹簧原动系两类。重锤原动系利用重锤的重力作能源，多用于简易挂钟和落地摆钟。重锤原动系结构简单、力矩稳定，但当上升重锤时，传动系与原动系脱开，钟表机构停止工作，如图 10-10 所示。

● 机械手表的诞生。据说世界上第一块手表的原创者是法兰西皇帝拿破仑。19 世纪初，拿破仑为了讨皇后约瑟芬的欢心，命令工匠制造了一只可以像手镯那样戴在手腕上的小"钟",这就是世界上第一块手表。此后一段时期,怀表依然是男人身份地位的象征,手表则被视作女性的饰物。

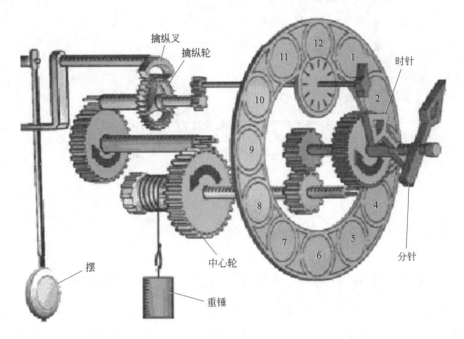

图 10-10　机械挂钟

关于手表的诞生还有一种说法。据说第一次世界大战期间,一名士兵为了看时间方便,把怀表绑扎固定在手腕上,举起手腕便可看清时间,比原来方便多了。1918 年,瑞士一个名叫扎纳·沙奴的钟表匠,听了那个士兵把怀表绑在手腕上的故事,从中受到启发。经过认真思考,他开始制造一种体积较小的表,并在表的两边设计针孔,用以装皮制或金属表带,以便把表固定在手腕上,从此,手表就诞生了。

究竟是拿破仑在无意中发明了世界上第一块手表,还是那个士兵把怀表绑在手腕上发明了手表,现在已无从考证了,但是世界上第一块手表成就了现如今繁荣的手表市场。

● 机械手表的主要结构。机械手表的机芯结构如图 10-11 所示,其基本由五部分组成,即能源装置、主传动系统、擒纵系统、上条拨针机构及指针机构。

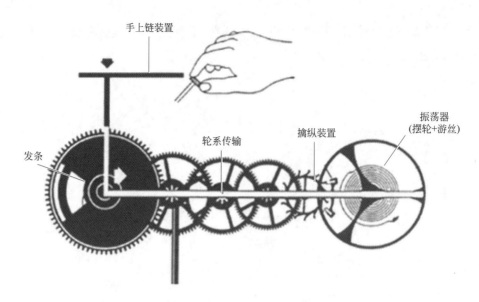

图 10-11　机械手表的机芯结构

一块常见的机械表的机芯有 90 到 100 个部件，更多功能的机芯有 1400 个部件。机械表的能源是一个卷曲的弹簧片发条，发条中储存的能量推动机械表工作来达到计时的目的。机械表又可分为手动机械表和自动机械表两种。手动机械表：手上链机芯，手动上紧发条，发条系统将能量释放而推动手表运行。自动机械表：自动上链机芯是依靠机芯内的摆陀重量带动产生，佩戴手表时手臂摇摆就会带动摆陀转动，从而带动表内发条为手表上链。

● 钟表的今生。即使是最渊博的历史学家也无法告知我们第一个计时器的确切产生日期和它的发明人。我们所知道的是，早在公元前 3500 年，人类就开始用日晷来确定时间。由于地球自转和公转的角度问题，用这种方式得到的时间不够准确，大约每天要差 15 分钟。在随后的时间里，人类还采取过多种方式来获取较为精确的时间，沙漏、水钟、铜壶滴漏及燃香都曾经被广泛使用。然而，所有的这些时钟都存在着同样问题——精确度不够。

机械钟的出现大大提高了时钟的精确度。1350 年，第一座机械钟出现于意大利。1583 年，伽利略发现单摆的摆动周期与振幅无关，这是时钟历史上的一大进步。在前人的研究基础上，1656年，荷兰天文学家、数学家惠更斯提出了单摆原理并制作了第一座单摆钟，从此，时钟误差可以以秒来计算。在1762年，最好的机械表已经能够达到每3天才差1秒的精确程度，这样的时钟，即使放在今天的日常生活中，也足够用了。但在天文、物理等科学领域中，人们对时间精确度的要求，远不止于此。

1928年，贝尔电话实验室的研究人员沃伦·马里森利用石英晶体在电路中能够产生稳定振动频率的特性，制造出了第一座石英钟。翌年，第一批石英钟就作为商品面世了。它的每日误差只有万分之一秒，比1920年制造的世界上最精确的机械钟的误差小90%。自此，石英钟取代机械钟，成为天文台向世界各地的人们提供标准时间的天文钟。

在科学技术飞速发展的今天，人们对时间精确度的要求越来越高，石英钟已不能满足科学发展的需要，为此，人们又研制出高精度的计时工具——原子钟。它是利用原子有关理论制成的，从原子钟诞生之日起，各国科学家就尝试过使用各种物质原子来制造它，先后出现有氢原子钟、铷原子钟、铯原子钟，铯原子钟精确度为30万年误差1秒。据报道，我国最新研制的冷原子钟，其精确度达5000多万年误差1秒，美国研制的锶原子钟，其精确度达每3亿年误差1秒。

科学家对精确的追求随着技术的进步和实验工艺的改进而不断提高。在平常人看来，让众多科学家倾毕生之力追求的从几万年差1秒到几亿年差1秒的飞跃可能毫无意义，但事实并非如此。原子钟技术给人类带来的益处也是无处不在。从GPS卫星定位系统，到无线通信和光纤数据传输技术，它们的背后，都响着原子钟的"嘀嗒"声。或许"最精确"是个一出现就立刻成为过去时的概念，或许它是一个永远都无法企及的将来时，但无论如何，在从精确到更精确的现在时中，人类在进步。

纵观时钟的发展史，我们看到了人类科学技术的发展；回顾时钟的发展演变过程，我们看到了劳动人民的创造力和无穷智慧；展望时钟事业的蓬勃发展，我们对未来充满信心。

天文钟

唐开元年间僧一行和梁令瓒制造了"水运浑天俯视阁"。它的主体是一个浑象(天球仪),一半在柜中,半露在外,柜中机械"钩键交错,关锁相持"。由水力推动,柜面上置木人两个,一个击鼓报时,一个击钟报刻。这个创造,无疑是世界天文钟的开端。

这个庞然大物以一个表面上刻有赤道和度数的铜球作为"天"的象征,用水流作为动力,使铜球以一日一夜为周期自转。僧一行和梁令瓒还有新的设计。他们在铜球外面加了"日环"和"月环",表现日月升落。铜球和两环的转动运行与真正的恒星、日、月运动相对应,因而可以精准地测出天体的运行规律,从而计算历法和时间。

僧一行和梁令瓒制造的这台天文钟,"晦明朔望,迟速有准",令唐玄宗李隆基感到欣慰。而更吸引李隆基眼球的是天文钟上的另一处玄机——自动报时的木偶。"又立二木人于地平之上,前置撞鼓以候辰刻,每一刻自然击鼓,每一辰则自然撞钟。皆于柜中各施轮轴,钩键交错,关锁相持。既与天道合同,当时共称其妙"。

中国机械学家刘仙洲先生在发表于1975年的论文中,根据宋、元两代重置这台天文钟时留下的资料,系统地研究过木人自动报时的机械原理。他认为僧一行和梁令瓒的创造,共用了五个齿轮系和两个凸轮机构。水轮等速回转,带动齿轮系,使仪器中间的铜球每天规律地回转一周。再由每天回转一周的轴,带动一个每天回转96周的齿轮,小木人的手臂相当于这个齿轮连接的一个拨子,齿轮每转一圈是一刻的时间,拨子一动,小木人就能自动击鼓了。敲钟的木人也是同样原理,只不过这个木人背后的齿轮,每天只回转12周而已。

刘仙洲先生的观点,在现代学者间也有争议,但无论僧一行和梁令瓒的这台天文钟的运转原理如何,唐代这两个报时的小木人带给科学界的意义都非常重大,它们的一敲一击,如同我们熟悉的钟表指针"嘀嗒"作响,意味着时间第一次实现了数字化。

你知道吗?

中国古代的计时仪器——滴漏

最早的漏壶,就是一个装有水的壶,在壶底或者下部留有一个小孔,然后在壶中放置一个箭杆,箭杆上带有刻度。这样,随着壶内水的减少,水面就会指到不同的刻度上,人们就可以知道是什么时刻了,这就是淹箭法。但是,由于水面有张力,所以水会吸附到箭杆上,这样读出的刻度值就不会很准确。于是,就出现了沉箭法(图10-12)。人们用一个竹材或木材制成托浮在水面上,这个托叫作箭舟,然后再在漏壶上加一个盖子,盖子上有一小孔,箭杆从小孔插入,立在箭舟上,这样随着壶内水面的下降,箭舟也会下降,那么箭杆上的刻度就会慢慢沉入壶中,这样读起来就会准确很多了。

浮箭法(图10-13)比前面两种计时方法更为先进,因为淹箭法和沉箭法有一个严重的问题,就是水的流速不均匀,因为水的流速与水压有关,随着壶内水的减少,水压也越来越小,这样的话流速就会由快到慢,因此显示出的时刻并不是均匀的。而浮箭法先用一壶装水,让水从壶中漏出去,这个壶叫作漏壶。然后再用另外一个容器(箭壶)装漏出的水,箭舟就放在这个容器中。这种用两个壶的方法就叫作浮箭法。可以看出浮箭法与沉箭法的刻箭正好是相反的。

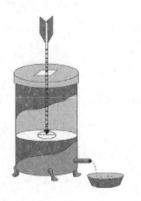

图10-12 沉箭法

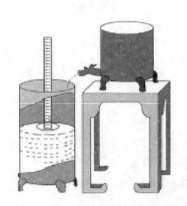

图10-13 浮箭法

当然,浮箭法的方式还是存在水压的变化,但是相比沉箭法来说,已经减小了水压对时刻的影响,提高了精度。这种漏壶,一直到宋元时期还在使用。

第 11 章
发明望远镜的故事

望远镜的作用就是放大远处物体的张角，使本来无法用肉眼看清或分辨的物体变得清晰可辨。望远镜的另一个作用是把物镜收集到的比瞳孔直径（最大约 8 毫米）粗得多的光束，送入人眼，使观测者能看到原来看不到的暗弱物体。图 11-1 为一款典型双筒望远镜。

图 11-1　双筒望远镜

望远镜开阔了人们的视野，在科技、军事、经济建设及生活领域中有着广泛的应用，天文望远镜有"千里眼"之称。那么，望远镜是怎样发明出来的呢？让我们追溯历史，去寻觅天文望远镜发展的足迹。

图 11-2　汉斯·利伯希

● 汉斯·利伯希发明了望远镜（意外的发现）。17 世纪初，在荷兰的米德尔堡小城，眼镜匠汉斯·利伯希（图 11-2）几乎整日忙碌着为顾客磨镜片。在他开设的店铺里各种各样的透镜琳琅满目，以供客户配眼镜时选用。当然，丢弃的废镜片也不少，被堆放在角落里的废镜片成了汉斯·利伯希三个儿子的玩具。

一天，三个孩子在阳台上玩耍，小弟弟双手各拿一块镜片靠在栏杆旁前后比画着看前方的景物，突然他发现远处教堂尖顶上的风向标变得又大又近，他欣喜若狂地叫了起来，两个小哥哥争先恐后地夺下弟弟手中的镜片观看房上的瓦片、门窗、飞鸟……它们都很清晰，仿佛近在眼前。汉斯·利伯希对孩子们的叙述感到不可思议，他半信半疑地按照儿子们说的那样试验，手持一块凹透镜放在眼前，把凸透镜放在前面，手持镜片轻缓平移距离，当他把两块镜片对准远处景物时，汉斯·利伯希惊奇地发现远处的物体被放大了，似乎就在眼前触手可及。这一有趣的现象被邻居们知道了，观看后也颇感惊异。此消息一传开，米德尔堡的市民们纷纷来到店铺要求一饱眼福，不少人愿出一副眼镜的代价买下可观看远处物体的镜片，买回去后当作"成人玩具"独自享用，结果废镜片成了"宝贝"。汉斯·利伯希用一个简易的筒把两块透镜装好，这就是世界上第一台望远镜。受此启示，具有市场经济头脑的汉斯·利伯希意识到这是一桩有利可图的买卖，于是向荷兰国会提出发明专利申请。

1608 年，国会审议了汉斯·利伯希的专利申请后给予了回复，受理的官员指着样品对发明人提出改进要求：能够同时用两只眼睛进行观看；"玩具"是大类，申请专利的这个玩具应有具体的名称。汉斯·利伯希很快照办了。接着他又在一个套筒上装上镜片，并把两个套筒连接，满足了人们双眼观看的要求，又经过冥思苦想将这个玩具取名为"窥视镜"。同年的 12，经改进后的双筒"窥视镜"发明专利获得政府批准，国会发给汉斯·利伯希一笔奖金以示鼓励。

● 伽利略天文望远镜问世。1609 年 6 月，意大利天文学家和物理学家伽利略听到一个消息，说是荷兰有个眼镜商人汉斯·利伯希在一偶然的发现中，用一种镜片看见了远处肉眼看不见的东西。"这不正是我需要的千里眼吗？"伽利略非常高兴。不久，伽利略的一个学生从巴黎来信，进一步证实了这个消息的准确性，信中说尽管不知道利伯希是怎样做的，但是这个眼镜商人肯定是制造了一个镜管，用它可以使物体放大许多倍。"镜管！"伽利略把来信翻来覆去看了好几遍，急忙跑进他的实验室。他找来纸和鹅管笔，开始画出一张又一张透镜成像的示意图。伽利略由镜管这个提示受到启发，看来镜管能够放大物体的秘密在于选择怎样的透镜，特别是凸透镜和凹透镜的搭配。他找来有关透镜的资料，不停地进行计算，忘记了暮色爬上窗户，也忘记了曙光已射进房间。

整整一个通宵，伽利略终于明白，把凸透镜和凹透镜放在一个适当的距离，就像那个荷兰人看见的那样，遥远的肉眼看不见的物体经过放大也能看清了。伽利略非常高兴，他顾不上休息，立即动手磨制镜片，这是一项很费时间又需要细心的活儿。他一连干了好几天，磨制出一对凸透镜和凹透镜，然后又制作了一个精巧的可以滑动的双层金属管。现在，该试验一下他的发明了。伽利略小心翼翼地把一片大一点的凸透镜安在管子的一端，另一端安上一片小一点的凹透镜，然后把管子对着窗外（图 11-3）。

图 11-3　伽利略和他的望远镜

当他从凹透镜的一端望去时，奇迹出现了，那远处的教堂仿佛近在眼前，他可以清晰地看见钟楼上的十字架，甚至连一只在十字架上落脚的鸽子也看得非常清楚。伽利略制成望远镜的消息马上传开了。"我制成望远镜的消息传到威尼斯",在一封写给妹夫的信里,伽利略写道,"一星期之后,我把望远镜呈献给议长和议员们观看,他们感到非常惊奇。绅士和议员们,虽然年纪很大了,但都按次序登上威尼斯的最高钟楼,眺望远在港外的船只,看得都很清楚,如果没有我的望远镜,就是眺望两个小时也看不见。这仪器的效用可使 50 英里以外的物体,看起来就像在 5 英里以内那样。"

伽利略发明的望远镜,经过不断改进,放大率提高到 30 倍以上。现在,他犹如有了千里眼,可以窥探宇宙的秘密了。这是天文学研究中具有划时代意义的一次革命,几千年来天文学家单靠肉眼观察日月星辰的时代结束了,取而代之的是光学望远镜,有了这种有力的武器,近代天文学的大门被打开了。每当星光灿烂或是皓月当空的夜晚,伽利略便把他的望远镜瞄准深邃遥远的苍穹,不顾疲劳和寒冷,夜复一夜地观察着。

● 伽利略望远镜原理。图 11-4 中,伽利略望远镜由一个凹透镜(目镜)和一个凸透镜(物镜)构成。物镜是会聚透镜,目镜是发散透镜,如图 11-4 所示。光线经过物镜折射所成的实像在目镜的后方(靠近人目的后方)焦点上,这像对目镜是一个虚像,因此经它折射后成一放大的正立虚像。伽利略望远镜的放大率等于物镜焦距与目镜焦距的比值。其优点是镜筒短而且能成正像,但它的视野比较小。

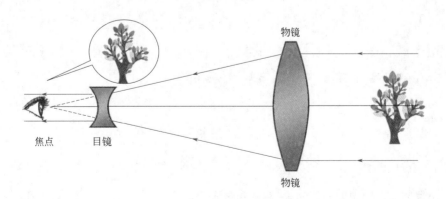

图 11-4 伽利略望远镜原理图

过去，人们一直以为月亮是个光滑的天体，像太阳一样自身发光。但是伽利略透过望远镜发现，月亮和我们生存的地球一样，有高峻的山脉，也有低凹的洼地（当时伽利略称它是"海"）。他还从月亮上亮的和暗的部分的移动，发现了月亮自身并不能发光，月亮的"光"是反射太阳光而来的。伽利略又把望远镜对准横贯天穹的银河，以前人们一直认为银河是地球上的水蒸气凝成的白雾，亚里士多德就是这样认为的。伽利略决定用望远镜检验这一说法是否正确。

他用望远镜对准夜空中雾蒙蒙的光带，不禁大吃一惊，原来那根本不是云雾，而是千千万万颗星星聚集在一起。伽利略还观察了天空中的云彩，即通常所说的星团，发现星团也是很多星体聚集在一起，像猎户座星团、金牛座的昴星团、蜂巢星团都是如此。伽利略的望远镜揭开了一个又一个宇宙的秘密，他发现了木星周围环绕着它运动的卫星，还计算了卫星的运行周期。在木星的众多卫星中，伽利略所发现的是其中最大的4颗。

除此之外，伽利略还用望远镜观察到太阳的黑子，他通过黑子的移动现象推断，太阳也是转动的。一个又一个振奋人心的发现，促使伽利略动笔写一本最新的天文学发现的书，他要向全世界公布他的观测结果。1610年3月，伽利略的著作《星际使者》在威尼斯出版，立即在欧洲引起轰动。他是利用望远镜观测天体取得大量成果的第一位科学家。

这些成果包括：发现月球表面凹凸不平，木星有4个卫星（现称伽利略卫星），太阳黑子和太阳的自转，金星、木星的盈亏现象以及银河由无数恒星组成，等等。他用实验证实了哥白尼的"地动说"，彻底否定了统治千余年的亚里士多德和托勒密的"天动说"。

"两个铁球同时落地"的著名实验

亚里士多德在物理方面的一个主要观点：如果让两个重量不同的物体在地心引力的影响下落下，那么它们当中较重的一个就会先落到地面。

伽利略决定用一种特别的方法来证明这位希腊哲学家的错误。他带着两个助手和两个不同重量的球爬上了离地面有50多米高的比萨斜塔顶部。两个助手每人手里拿着一个球。两个助手在同一时刻放开了手中的球，让它们在地心引力的作用下往下面的草地上落去。果然，人们清楚地看见了这两个球几乎是同时落地，的的确确证明了亚里士多德关于落体的论点是完全错误的。

 你知道吗？

你知道伽利略的成就吗？

力学方面——伽利略是第一个把实验引进力学的科学家，他经过长久的实验观察和数学推算，得到了摆的等时性定律；天文学方面——他是利用望远镜观测天体取得大量成果的第一位科学家；热学方面——最早的温度计是在1593年由伽利略发明的。

第 12 章
安东尼·列文虎克和显微镜

显微镜（图12-1）是由一个透镜或几个透镜组合构成的一种光学仪器，主要用于放大微小物体使人的肉眼能够看到。显微镜分光学显微镜和电子显微镜。

显微镜是人类最伟大的发明之一。在它发明出来之前，人类对世界的观察局限在用肉眼或者靠手持透镜。

显微镜把一个全新的世界展现在人类的眼前，人们第一次看到了许多"新的"微小生物，以及从人体细胞到植物纤维等很多物质的内部构造。显微镜还有助于科学家发现新物种，有助于医生治疗疾病。

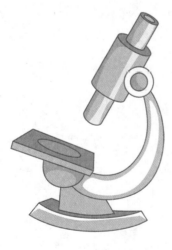

图12-1 显微镜

最早的显微镜是16世纪末期在荷兰制造出来的。发明者是亚斯·詹森，荷兰眼镜商，他用两片透镜制作了简易的显微镜，但并没有用这个仪器做过任何重要的观察。

后来有两个人开始在科学上使用显微镜。第一个是意大利科学家伽利略。他通过显微镜观察了一种昆虫后，第一次对这种昆虫的复眼进行了描述。第二个是列文虎克，他掌握了磨制❶透镜的精湛技术。他第一次描述了许多肉眼所看不

---

❶ 人们一直认为列文虎克是磨制透镜的，然而，他制作透镜的秘密直到20世纪50年代才被人们发现。

见的微小植物和动物。

- 安东尼·列文虎克。安东尼·列文虎克（图12-2），出生于荷兰代尔夫特，显微镜学家、微生物学的开拓者。由于勤奋及本人特有的天赋，他制作的透镜远远超过同时代的其他人。他制作的放大透镜以及简单的显微镜形式很多，透镜的材料有玻璃、宝石、钻石等。其一生磨制了500多个镜片，有一架简单的透镜，其放大倍数竟超过270倍。他对人类的成就就是经过自己几十年坚韧不拔的努力和探索，发明了世界医学史上第一架帮助人类认识自然、驾驭自然、打开微观世界大门的显微镜。列文虎克对人类认识世界做出了伟大的贡献。

图12-2　安东尼·列文虎克

- 安东尼·列文虎克发明的显微镜。列文虎克出生在一个非常穷苦的家庭里，很小的时候，父亲便因无钱治病，早早地去世了。童年时代，他为了维持生活，到处流浪。16岁那年，他到一家布店里当学徒，一天干12小时的活，天天累得精疲力尽。可是，他很有志气，不肯向苦难的命运低头。他想尽办法学习知识，学习本领。每到晚上，就在昏暗的灯光下翻开从别人那里借来的书，认真刻苦地自学。

列文虎克是一个对新奇事物充满好奇心的人。一个偶然的机会，他从一个朋友那里得知，荷兰最大的城市阿姆斯特丹有许多眼镜店可以磨制放大镜，这种放大镜可以看到许多肉眼难以看清的事物。他对此非常感兴趣，想要自己研究一下。但是，眼镜店里的放大镜价格非常昂贵，他根本就买不起，而他又不想放弃。那怎么办呢？他观察到，放大镜的制作原理很简单，就是把镜片磨成需要的形状，打磨手法也很易学。于是，他开始经常出入眼镜店，暗地里认真地学习磨制镜片的技术，期望可以亲自做出放大镜。功夫不负有心人，1665年他终于制成了他的第一台显微镜（图12-3）。列文虎克的第一台显微镜还非常简陋，基本上就是一个美化了的放大镜。它由一个直径只有1厘米的镶在铜板上的小圆珠形凸透镜和放置样品的夹板组成，还安上了调节镜片的螺旋杆。世界上第一台显微镜就这样诞生了。

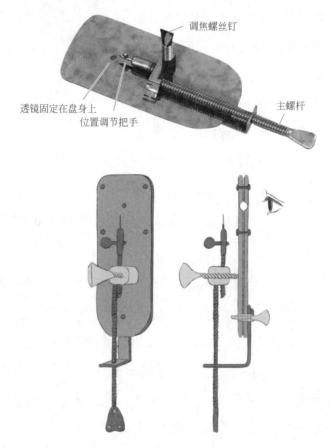

图 12-3　安东尼·列文虎克制造的第一台显微镜

结构虽然简单，但是列文虎克显微镜的放大倍数已经超过了当时世界上的所有放大镜。后来，列文虎克对显微镜的兴趣越来越浓，几年后，他辞掉了工作，专心进行显微镜的改进和对微观世界的探索。他制成的显微镜越来越精美，放大倍数也越来越大，最后他制成了可以把物体放大270倍以上的显微镜。列文虎克制造的显微镜是早期最出色的显微镜，代表了当时制镜的最高水平。在他的一生当中磨制了超过500个镜片，并制造了400种以上的显微镜，其中有9种至今仍有人使用，他为显微镜的改进做出了不可磨灭的贡献。

由于这种仪器的极大成功，列文虎克成了显微镜发展史上最杰出的人物。他之所以成功，是因为他在制作镜片方面有精湛的技术，还有他在创制显微镜时的那种坚韧不拔的执着精神。列文虎克显微镜的问世，为微生物学的研究打开了大门，开辟了人类征服传染病的新纪元。

● 安东尼·列文虎克发现微观生命。17世纪以前，人们对微小世界并不知晓，从列文虎克观察到微小生物起，一个新的世界呈现在人们眼前。地球上生长着的这些微生物已经超过30亿年，然而我们认识到它们的存在只有短短300多年的时间。

微生物与我们的生活息息相关，在我们的家中、食物里，甚至我们的身体里都有它们的身影，可想而知，当时的人们面对列文虎克发现的这个新世界时是多么震惊。

经过二三十年的透镜研究，列文虎克制作镜片的技术已经达到了炉火纯青的地步。后来，他又自行研究创制出了一种磨小透镜的方法。通过小透镜，他津津有味地观察着各种各样的小东西：纤细的羊毛在这面小透镜下，变得像一根粗大的木头；跳蚤虽然只有芝麻粒大小，可是腿的构造却十分复杂。他看蜜蜂的刺，看苍蝇的头，看植物的种子，每一次的仔细观察都会带给他无限惊喜。

一个偶然的机会成就了列文虎克，让他发现了细菌，尽管当时人们还不知道那种小生物就是细菌。有一天，天空下起了瓢泼大雨。列文虎克的脑中突然产生了一个念头，这晶莹剔透的雨珠中会有什么东西呢？于是，他从屋檐下接回一些雨水，然后将一滴小雨珠放在他制作的透镜下仔细观察。看着看着，列文虎克突然惊喜地高声喊起来，在小透镜下的水滴中，竟有许多"小精灵"在不停地游动。他禁不住说道："它们多么微小啊！小得简直不像真实的东西，只有跳蚤眼睛的千分之一。但是它们确实在像陀螺一样转圈圈啊。"

英国皇家学会的一位通信会员格拉夫先生住在德尔夫特市。列文虎克在小透镜下看到雨珠中"小精灵"的事情，引起了格拉夫先生的关注。为此，格拉夫写了一封信给英国皇家学会。信中写道："请允许列文虎克先生报告他的发现：在显微镜下观察的标本，有关皮肉的构造、蜜蜂的刺及其他。"英国皇家学会也对列文虎克的发现产生了兴趣，但也有很多会员怀疑他是否真的看到了什么。

于是，1677年11月，他们请列文虎克带着他的显微镜到学会来，展示他的发现。皇家学会的会员们按照顺序，一一走到显微镜前，仔细观察镜下的水滴。当他们也看到那些游动的"小精灵"时，大家都赞叹不已："列文虎克简直就是一个魔术师！"此后，微生物领域里便多了"细菌"这个名词，而列文虎克则紧紧地与之联系在一起。

● 列文虎克发现人体内的微生物。列文虎克用自己磨制的透镜，制作了一架能把原物放大200多倍的简单显微镜（图12-4），并用这架当时世界上最先进的显微镜发现了细菌和其他微生物。列文虎克擅长文字描述和绘图，他笔下栩栩如生的微生物世界，不仅让普通人大为震惊，就连当时的科学家也惊诧不已。虽然列文虎克通过显微镜看到了细菌，为人类敲开了认识微生物的大门，但由于他小时候没有上过学，基础知识薄弱，没有把他的发现上升到理论高度，他去世后，人类对微生物的研究停止了将近100年。

列文虎克用自制的显微镜观察雨水和牙垢等物质，发现了很多杆状、螺旋状和球状的小生物，有的单个存在，有的连在一起，这就是后人所说的细菌。他惊叹地记录道："它们像蛇一样以优美的弯曲姿势运动。""在

图12-4　安东尼·列文虎克制造的能放大200多倍的显微镜

人口腔的牙垢中生活的小居民，比这个荷兰王国的人还要多。"这是人类第一次观察到细菌时发出的感叹。

1677年，列文虎克用显微镜观察人类的精液，他兴奋地发现精液里有数以百万计游动的小东西，他称为"精子"。这些精子既不是细菌也不是原生生物，而是男性产生的性细胞配子。于是他想到，别的雄性动物的精液里会不会也同样存在精子呢？他又对昆虫类、贝壳类、鱼类、鸟类、两栖类、哺乳类的各种动物的精液进行了观察，果然都发现了精子的存在，并证实了精子对胚胎发育的重要性。他认为雌性的卵子和子宫为新生命的成长提供营养和避难所。不得不说，他发现了事实真相。他的发现为人们认识精细胞和卵细胞的结合提供了启示，反驳和揭穿了认为生命来自非生物的"自然发生说"的谬误。

1681年，列文虎克将自己腹泻的排泄物放在显微镜下观察，他看到了鞭毛虫。这是一种吸附在人的肠壁上的鞭状单细胞生物，可以导致持续腹泻。

列文虎克1683年写给皇家学会的邮件引起了轰动。他在这封邮件里宣称，在人体内也居住着微小生物。列文虎克告诉人们要有清洁牙齿的习惯，其中包括每天用盐磨牙的习惯。列文虎克发现即使经常清洁牙齿表面也会有白色的黏性物质附着，当他用显微镜检查这种东西时，看到白色的黏性物质充满了细菌；当他检查不经常清洁的牙齿的表面附着物时，发现了更多的生物，如类似螺丝状的生物。这些生物可能都是导致坏牙的元凶。

列文虎克把一生的心血都用在了对显微镜的制造和改进中，显微镜也帮助他发现了一个又一个新鲜事物，帮他取得了巨大的成功，让世人都记住了他的名字。

1723年8月，当他察觉到自己命不久矣时，交代自己的女儿将两封信和一批礼物送到皇家学会。一封信详细地写着显微镜的制作方法，另一封信这样写道:"我从50年来所制作的显微镜中选出了最好的几台,谨献给我永远怀念的皇家学会。"这批礼物就是26台精心打造并配以各种标本的银制显微镜。1723年8月30日,91岁高龄的列文虎克与世长辞。

列文虎克制作的显微镜中的9种至今仍有人使用。而且,在他逝世200年后,人们才再次做出放大倍数和解析度可与列文虎克的显微镜相媲美的显微镜。列文虎克不愧为"显微镜之父"。而且,当人们在用效率更高的显微镜重新观察列文虎克描述的形形色色的"小动物",并知道它们会引起人类严重疾病和产生许多有用物质时,更加认识到列文虎克对人类认识世界所做出的伟大贡献。

列文虎克镜片的秘密

作为一个编篮子手工业者的儿子,列文虎克从父亲那里遗传了心灵手巧的基因。只有他才能做出直径为2～4毫米、放大率为100～300倍的镜片。使用这样的透镜,人们可以分辨出橘子皮上1微米的细节。在列文虎克之后,无数的能工巧匠希望可以复制他的奇迹,但最终都以失败而告终。人们不禁感叹:同样都是手,为什么列文虎克的手就那么巧呢?这个秘密直到20世纪50年代,才被人们揭开,美国人终于再现了真正的"列文虎克镜片"。事实上,在当年众人都以为列文虎克在没日没夜地磨镜片时,他其实只是取了一根细玻璃棒,把它中部在火焰上烤软了,然后在两头一拉把玻璃棒拉成两半,再将拉出的细长一端倾斜着放在火上烤化,这个时候细尖端便会逐渐凝出一小滴"小扁豆",就好像你把冰棍头朝下凝出一滴水一样,而这便是列文虎克的镜片了。所以,不仅仅是工匠精神,有时候工艺方法也是很重要的。只有工匠精神与工艺方法两者结合,才会有质变的发生。

显微镜和放大镜的区别

显微镜和放大镜都是用来帮助人们观察人眼观

察分辨不出的图像，从这一点说两者的使用目的是一样的。通常很多人知道放大镜，同时也喜欢将显微镜称为放大镜，其实两者有明显的区别。

　　显微镜和放大镜起着相同的作用，就是将近距微小的物体放大成像，该像对人眼的张角远远大于人眼直接看物体的视角。二者不同的是，放大镜的放大率不高，一般在 8～15 倍；而显微镜的放大率却可以达到 1000 多倍。放大镜结构较为简单，一般只是一组镜头，本质是一次放大，倍数固定；而显微镜组成结构较为复杂，一般是两组镜头，本质是二次放大。显微镜的二次放大原理是先利用一块焦距较短的镜头将微小的物体放大成一实像，即将物体放大若干倍，然后再利用一块放大镜（即显微镜中的目镜）去观察这个已被放大的像。

第 13 章
揭开电磁学研究的序幕——为"电"命名的人

- 什么是摩擦起电？摩擦起电（图 13-1）是电子由一个物体转移到另一个物体的结果，使两个物体都带上了等量的电荷。得到电子的物体带负电，失去电子的物体带正电。因此原来不带电的两个物体摩擦起电时，它们所带的电量在数值上必然相等。摩擦过的物体具有吸引轻小物体的特点。

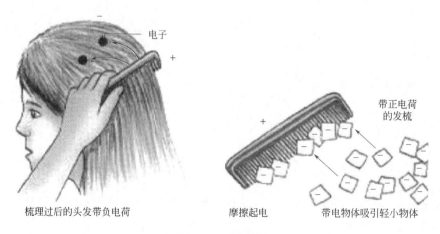

梳理过后的头发带负电荷　　摩擦起电　　带电物体吸引轻小物体

图 13-1　摩擦起电

- 电荷的种类。自然界中只有两种电荷，如用毛皮摩擦过的橡胶棒所带的电荷为负电荷，用丝绸摩擦过的玻璃棒所带的电荷为正电荷，如图 13-2 所示。

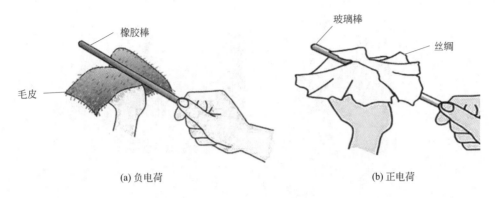

(a) 负电荷　　　　　　　　(b) 正电荷

图 13-2　负电荷与正电荷

- 静电。静电是一种处于静止状态的电荷。在干燥和多风的秋天，在日常生活中，人们常常会碰到这种现象：晚上脱衣服睡觉时，黑暗中常听到"噼啪"的声响，而且伴有蓝光；见面握手时，手指刚一接触到对方，会突然感到指尖针刺般疼痛，令人大惊失色；早上起来梳头时，头发会经常"飘"起来，越理越乱；拉门把手、开水龙头时都会"触电"，时常发出"啪、啪、啪"的声响，这就是发生在人体的静电（图 13-3、图 13-4）。

图 13-3　静电

- 验电器的原理。如图 13-5 所示，金属球和金属杆相连接，金属杆穿过绝缘体橡胶塞，其下端挂两片极薄的金属箔，封装在玻璃瓶内。检验时，将物体与金属球接触，如果物体带电，就有一部分电荷传到两片金

图 13-4　生活中的静电现象

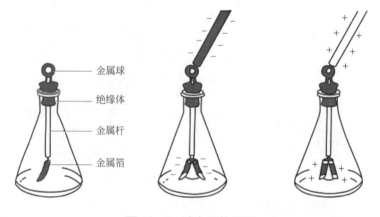

图 13-5　验电器的原理

属箔上，金属箔由于带了同种电荷，彼此排斥而张开，所带的电荷越多，张开的角度越大；如果物体不带电，则金属箔不动。当已知物体带电时，若要识别它所带电荷的种类，只要先把该带电体与金属球接触一下，使金属箔张开。然后，再用已知的带足够多正电的物体接触验电器的金属球，如果金属箔张开的角度更大，则表示该带电体的电荷为正；反之，如果金属箔张开的角度减小，或先闭合而后张开，则表示带电体的电荷是负的。验电器的主要用途：检验物体是否带电，比较带电的种类以及所带电荷量的多少等。

第 13 章 | 揭开电磁学研究的序幕——为"电"命名的人

- 威廉·吉尔伯特。尽管人类对电和磁的认识有上千年历史,但人们对电磁学的认知还停留在古代,只知道天然磁石拥有磁性,以及琥珀和橡胶在被摩擦时能够吸附纸片等质量较小的物体。但真正从科学角度钻研电学,为"电"命名,并由此拉开电磁学研究序幕的,却是位喜欢科学的医生威廉·吉尔伯特(图 13-6)。

图 13-6　威廉·吉尔伯特

吉尔伯特(1544—1603 年),1544 年出生在英国科尔切斯特一个显赫的家庭中,他读完大学预科学校之后在剑桥圣约翰学院学习医学,1569 年获得剑桥大学医学博士学位。此后,吉尔伯特环游了欧洲大陆并最终定居伦敦。吉尔伯特是一名非常成功并且杰出的医生,他当选为英国皇家学会主席,同时还被任命为女王(伊丽莎白一世)的私人医生,之后被女王加封为爵士。他忠诚地为女王服务,直到她辞世。

吉尔伯特起初感兴趣的是化学,但很快他的注意力就转移到了炼金术所带来的大量神秘现象(比如金属的熔化变形)上。在研究了古代理论后,他逐渐对物理学产生了兴趣,特别是古希腊人关于天然磁石的知识,这种奇特的矿物拥有吸附铁器的力量。英国在 1588 年打败了西班牙无敌舰队,从而成为一个主要的航海强国,此时英国舰船依靠罗盘在大海中航行,然而并没有人了解罗盘的工作原理。究竟是像哥伦布曾经猜测的那样,北极星吸引了罗盘指针,还是像《奥德赛》中描述的那样,在极地有座磁山,船只不得接近,因为水手们相信,巨大的磁力会把船上的铁钉、铁制配件拔出。吉尔伯特进行了大量的创新性实验来理解磁学。他的著作包括《磁石论》《地磁学》等。1600 年出版的《磁石论》是物理学史上第一部系统阐述磁学的科学专著。

- 《磁石论》。吉尔伯特不仅研究了摩擦起电,而且还研究了不经摩擦也吸引铁的物质——磁石(磁铁),他花费了 17 年的时间对此进行研究。他写的《磁石论》一书是英国第一部科学著作,也是电磁学的奠基之作,该书对磁铁的各种性质进行了详细的论述。

《磁石论》共有六卷,书中的所有结论都是建立在观察与实验基础上的。著作中记录了磁石的吸引与排斥;磁针指向南北;烧热的磁铁磁性消失;用铁片遮住磁石,它的磁性将减弱等性质。他研究了磁针与球形磁体间的相互作用,发现磁针在球形磁体上的指向和磁针在地面上不同位置的指向相仿,还发现了球形磁体的极,并断定地球本身是一个大磁体,提出了"磁轴""磁子午线"等概念。吉尔伯特提出的地磁场如图 13-7 所示。总之,在磁现象的研究方面,吉尔伯特的成就是光辉的,贡献是巨大的。

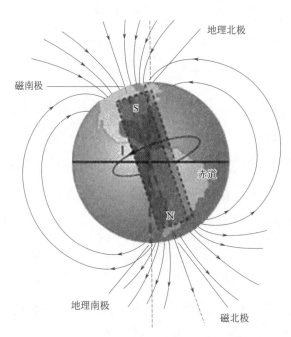

图 13-7 吉尔伯特提出的地磁场示意

值得一提的是，当时的科学界对吉尔伯特研究的磁学并不感兴趣，更没人专门研究磁学。

吉尔伯特认为如果沿着南北方向加热和锻打铁块，就可以使铁块具有磁性（图13-8）。

图13-8　锻打使铁产生磁性

● 巧命"电"之名。在吉尔伯特以前，科学家们一直认为电和磁是不相关的两门学科，很少有人把两者联系到一起。

相对磁而言，人们对电的认识更早。闪电是人类最早看到的电。不过闪电究竟是什么，古人并不清楚。西方人认为它是"上帝之火"，中国人信奉"雷公电母"。人类最早获得的电是摩擦产生的静电，公元前6世纪，古希腊人在佩戴首饰时就发现，用毛皮摩擦过的琥珀能吸附线头等轻小物体。

年轻的吉尔伯特是个酷爱读书的人。他从东方传来的书籍中了解到"顿牟掇芥""解结有光"两种现象时，感到非常兴奋。"顿牟掇芥"原载于《论衡》一书中。"解结有光"原载于晋代大文豪张华的《博物志》一书：黑暗中用漆过的木梳梳头，或穿、脱丝绸及毛皮材质的衣服时，不但能看到火星子，还会听到"噼噼啪啪"的响声。

吉尔伯特对这两种现象早就想研究了。1600年，他发现了用毛皮摩擦琥珀会产生静电。

琥珀有着美丽的色彩，人们往往用它来制作珠宝。既然琥珀经摩擦后可以吸引轻微物质，那么，其他宝石经过摩擦是否也能显示出这样的能力呢？吉尔伯特拿别的宝石做实验。他发现其他的宝石经摩擦后也能吸引又轻又小物体。钻石、蓝宝石、欧白石都具有琥珀的这种特性，一些很普通的水晶也具有这样的特性，如图13-9所示。

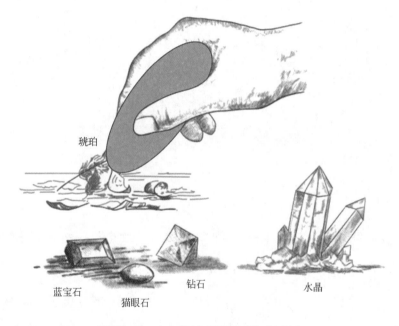

图13-9　吉尔伯特用别的宝石做实验

用摩擦的方法不但可以使琥珀、宝石具有吸引轻小物体的性质，而且也可以使不少别的物体如玻璃棒、橡胶、瓷、松香等具有吸引轻小物体的性质。

在吉尔伯特的著作中，也叙述了他对电现象的研究内容。他研究了十几种物质，发现它们中的大多数被摩擦后，同琥珀、玛瑙被摩擦后相似,可以吸引轻小的物体。他首先指出,这是与磁现象有本质区别的另一类现象。

经过大量实验,吉尔伯特明晰了电和磁的区别:磁主要是吸引和排斥,而电只有吸引(吉尔伯特并没有发现同种电荷是互相排斥的);电的吸引比磁更普遍,不少物体经摩擦都可以带电,而磁只能吸引如铁一样的特殊物质。

"看来这种吸引力并非琥珀独有,而是普遍存在于物质内部的东西。这到底是什么东西呢?"吉尔伯特陷入冥思苦想中,吃饭在想,躺在床上在想,连走路也在想。来到河边,看到滔滔流走的河水时,他突然有了思路:水无形状,但无孔不入,琥珀等物体吸引轻微物体的力,不就像水一样吗?

吉尔伯特认为:使琥珀产生吸附能力的东西,可能就是物体内部的"隐形水",琥珀受到摩擦后,"隐形水"被挤了出来,使琥珀可以吸附轻微物质。

吉尔伯特还决定给这种东西取个简单明了的名字。"应该取个什么名字呢,总不能叫琥珀之力吧?这名字太啰唆,又有以偏概全之嫌。"于是,吉尔伯特根据希腊文字 Elektra(汉语即琥珀),引入了一个简练的英文名词:electric。这个单词,就是沿用至今的科学概念——电。他把这种吸引力称为"电"。

对电子的本质,吉尔伯特也试图加以解释,他认为存在一种"电液",带电体吸引其他物体时,"电液"就从带电体流向被吸引的物体。他还认为,带电体被加热时电性消失的原因是"电液"蒸发了……在吉尔伯特时代,他提出的概念说明电是地地道道的物质,这有特殊的意义。吉尔伯特的名字总是居于静电学研究之首。

伊丽莎白女王也对吉尔伯特的实验很感兴趣。在吉尔伯特位于伦敦温菲尔德的漂亮住宅里,一贯喜欢名贵宝石和皮毛礼服的女王,坐在那里全神贯注地观看着,吉尔伯特给他们展示了琥珀、磁石和各种物质的奇异吸引力（图 13-10）。

图 13-10　吉尔伯特向伊丽莎白女王介绍磁学新成果

● 第一台验电器。吉尔伯特制成了第一台验电器，并用它证明了离带电体越近，吸引力越大，还指出电引力沿直线传播；带电体被加热或放在潮湿的空气中，它的吸引能力就消失了。

吉尔伯特曾依照罗盘造出了世界上第一台验电器，如图 13-11 所示。他的验电器与后来的不同。我们所见到的验电器是根据电排斥原理制造的，而吉尔伯特的验电器是在电吸引的实验中制造出来的。吉尔伯特的验电器是指针式，它由一个放在木制托架上的金属针组成，是一根细长的指针，中心由一个尖顶的杆支承，能自由转动。

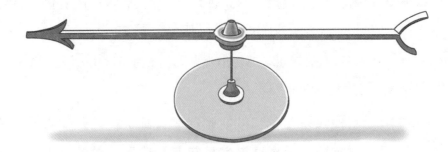

图 13-11　吉尔伯特发明的验电器

在实验时，将待研究的物质摩擦以后放在指针旁，观看指针是否转向摩擦后的物体。当经过摩擦的物体向指针靠近时，如果物体带电，指针就转动起来，如果指针不动，物体就不带电。这个验电器虽然简单，非常不起眼，但用它检验物体是否带电，还是很准确的。电学由此就起步了。

吉尔伯特发现，除琥珀之外还有许多其他物体摩擦后也都使指针偏转。

吉尔伯特在电和磁的探索上取得了很多成绩，伽利略就曾称他"伟大到令人妒忌的程度"。但是，普通人对他更为推崇的原因还是医术。

尽管吉尔伯特首创"电"这个名字，并拉开了电磁学研究的序幕，但他的研究主要停留在静电上面，也没想出保存静电的方法。

"小地球"实验

吉尔伯特做了一系列科学实验，最有名的就是"小地球"实验。他将一块天然磁石磨制成一个大磁石球，用小铁丝制成小磁针放在磁石球上面，结果发现这根小磁针的全部行为和指南针在地球上的行为十分相似。吉尔伯特把这个大磁石球叫作"小地球"。由此，他提出一个假设：地球是一个巨大的磁石，它的两极位于地理北极和地理南极附近。这个假设后来经德国数学家高斯从数学上加以论证和完善，至今仍是地磁理论的典型概念。

"磁"力大比拼

1588年，英格兰东南部的科尔切斯特市，人们在盛传一条消息：英格兰人吉尔伯特将与意大利人波尔塔进行一场关于"磁"的实验比赛！

这可是件新鲜事儿！大家还都不太了解"磁"是个啥，这两人却要为它展开大比拼了！

毕业于剑桥约翰学院的吉尔伯特原本是名医生，年轻时就因医术名满欧洲。中年时，这位名医却对磁力学产生了浓厚兴趣。当时，各国科学家对磁学主要停留在"仅磁石或磁石磨过的铁才有磁性"这个认识上。而吉尔伯特秉承了医生的严谨，经过反复实验，得出结论：磁石可以让铁丝变成指南针。

吉尔伯特公开这个结论后，收到一封意大利人波尔塔写的信。信中说，这个理论不足为奇，铁丝在金刚石上摩擦后，也可以变成指南针……

"岂有此理！"对这个"无稽之谈"，吉尔伯特本想不予理会，但没想到波尔塔将他自己的结论公布了。吉尔伯特也不甘示弱，于是决定和波尔塔进行一次公开的实验比赛，让事实说话。

比赛在科尔切斯特市市区的一个广场举行。吉尔伯特和波尔塔站在台上，台下聚集了不少好奇的市民。

比拼实验开始了。吉尔伯特的实验分三步：第一步是把一块很轻的软木塞放在盆里，任其漂在水上；第二步是把铁丝放在磁石上反复摩擦；第三步是把摩擦后的铁丝插进软木塞里。这时，只见带着铁丝的软木塞在水盆中晃了几下，停了下来。大家围上去一看，铁丝一端指向北方，另一端指向南方。

"请波尔塔先生试试！"吉尔伯特大度地说。波尔塔从地上拿起金刚石，将铁丝在金刚石上使劲摩擦，过了很久，他把磨过的铁丝插进软木塞里，软木塞一动不动，更别说指示南北了。红着脸的波尔塔向吉尔伯特敬了个礼，转身离去。人群爆发出喝彩声！

"电"一词在西方是从希腊文"琥珀"一词转译而来的，在中国则是从雷电现象中引出来的。自从18世纪中叶以后，对电的研究逐渐蓬勃发展。关于电的每项重大发现都引起广泛的实用研究，从而促进科学技术的飞速发展。

第 14 章
摩擦起电机的诞生

● 什么是感应起电机？感应起电机是一种能连续取得并可积累较多正、负电荷的实验装置。感应起电机所产生的电压较高，与其他仪器配合后，可进行静电感应、雷电模拟实验、尖端放电等有关静电现象的实验。

静电型起电机是一种借助人力或其他动力克服静电力以获得静电的机械，简称起电机。跟一般的发电机不同，起电机只能产生较高的电压，而由此放电产生的短暂脉冲电流，平均值很小，一般不超过几毫安。

● 世界上第一台起电机的诞生。漫长的中世纪后，1600年，英国著名医生、物理学家、电磁学之父吉尔伯特出版了《磁石论》。这是电磁学的开山之作。

整整半个世纪之后，德国物理学家奥托·冯·格里克（图14-1）制造了世界上第一台摩擦起电机。又过了半个多世纪，到1706年，英国科学家豪克斯比制造了玻璃球摩擦起电机。这种摩擦起电机经过不断改进，在后来的静电实验中起到了巨大作用。直到19世纪感应起电机发明后才把它送进博物馆。

图14-1 德国物理学家奥托·冯·格里克

奥托·冯·格里克（1602—1686年），德国物理学家、政治家，曾于1646—1676年间任马德堡市市长。他于1650年发明了活塞式真空泵，并利用这一发明于1654年设计并进行了著名的马德堡半球实验，展示了大气压力的大小，并推翻了之前亚里士多德提出的"自然界厌恶真空"的假说。

格里克虽然是市长，公务繁忙，但是他对自然科学研究还是投入了大量的时间和精力。他经常钻到那个所谓实验室的房间里进行小实验。由于他长期钻研，硕果累累，马德堡市民为了表达对他的敬佩，选举他担任市长达35年之久。

从古希腊人泰勒斯发现摩擦琥珀可以起电后的两千多年的时间里，摩擦起电几乎成了人们获得电的唯一方法。随着时间的推移，欧洲人对自然界的兴趣越来越浓。格里克觉得用毛皮或丝绸摩擦起电比较费事，于是，他发明了一种摩擦起电机。

1660年的某一天晚上，格里克在他的房间做摩擦起电的实验，当他用手指拈住一块刚摩擦过的琥珀时，好像听到了一点很微弱的"噼啪"声。他觉得很奇怪，又连续做了几次，这时天色已经全黑了，当他再次用手拈住琥珀时，又看到每一次"噼啪"声都伴有很微弱的闪光。格里克认为"噼啪"声和闪光可能是一部分电释放出来了。但是由于声音太轻，闪光也太弱，无法证实。如果要将实验进行下去，必须要有一块很大的琥珀，让它"充"上更多的电。然而大块的琥珀价格非常昂贵，格里克不得不考虑用别的物质来代替琥珀。他做了许多实验后，最后成功了，用硫黄代替琥珀做成了摩擦起电机。

格里克拿来一个有足球那么大的球状玻璃烧瓶，里面装满了黄色的硫黄碎块，他用火加热到硫黄全部熔化，同时不断地向瓶里加进硫黄，直到烧瓶里充满硫黄溶液为止。然后向烧瓶正中插入一根圆木柄，待硫黄冷却以后，就把外面的玻璃烧瓶敲掉，这时就得到了一个比脑袋还要大的带有一个木柄的黄色硫黄球。如图14-2所示，格里克把硫黄球放在一个木制的座架上，使它可以自由转动。他用一只手握住木柄，使硫黄球绕轴旋转，另一只手按在球体上，随着球的不停转动，球表面就会因摩擦而生电，充满大量的电荷，也就是说把手掌放在球上，球与手掌摩擦后就可以产生电。通过实验发现，起电的硫黄球不仅能吸引纸屑，有时也会排斥它们。在夜里或在暗室里摩擦硫黄球，它会发光。

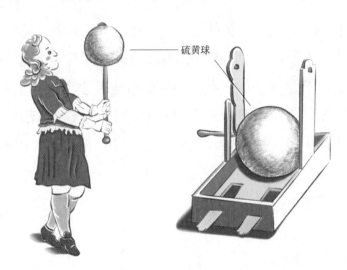

图 14-2　摩擦起电机的发明

在电学历史上，格里克是第一个通过实验观察到物体放电时发生的噼啪声和闪烁的电火花的人。由于电量大，火花也亮，即使在白天也清晰可见，他高兴极了，逢人就说，他要与人们分享这一喜悦。这就是世界上第一台摩擦起电机。

17 世纪的欧洲科学家纷纷致力于制造起电机，他们想要进行电学实验，都必须使劲地摩擦物体，然后才能进行。那时的人们就是用这种原始的方法来获取少得可怜的电。

● 1705 年，英国科学家弗朗西斯·豪克斯比（1666—1713 年）根据格里克起电机的原理，制成了当时非常吸引人的玻璃球起电机。如图 14-3 所示，他用一个带柄的中间是空心的玻璃球代替格里克用的实心硫黄球，并在球的下方装上了一个带手柄的圆盘，摇动手柄，圆盘就会带动球转动。用手摩擦球的表面，球的里面会产生火花。

当人的手按在旋转的玻璃球上时，球内部的空间区域就不停地闪烁着不明亮的电火花。透过透明的玻璃球壁人们可以看到一道朦胧的蓝光。豪克斯比利用它在暗室里读书、写字，这是人类历史上电照明的前奏。豪克斯比的起电机还真可以说是世界上第一盏"电灯"呢。

- 1742年，苏格兰科学家戈登（1712—1757年）又改进了摩擦起电机，如图14-4所示，他用圆柱代替玻璃球，并提高转速，达到每分钟680转，因此能产生强烈的火花，甚至可以电死小鸟。1745年，苏格兰人温克勒（1703—1770年）又把玻璃管安装在用脚踏板带动的轴上，这样可用脚踏代替手摇，并用安装在弹簧上的皮革垫子摩擦玻璃柱。他用改进后的起电机在很多人的集会上表演，用产生的火花来点燃酒精灯，并且在人的手指上产生火花。

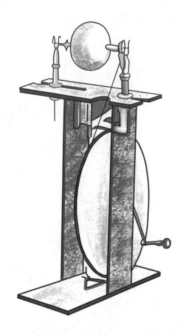
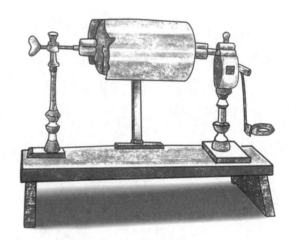

图14-3 豪克斯比发明的玻璃球起电机　　图14-4 戈登改进的摩擦起电机

- 1768年，英国人冉斯登（1735—1800年）用平的玻璃板代替玻璃球或玻璃柱制成了平板型摩擦起电机，如图14-5所示。

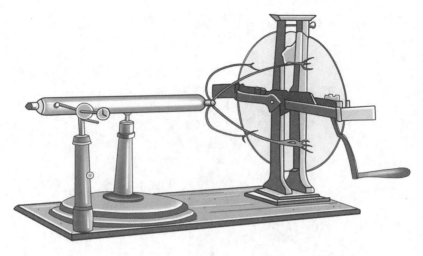

图 14-5 平板型摩擦起电机

• 1779 年，荷兰人印根豪茨（1733—1799 年）在圆玻璃板上、下安装了 4 个软垫，用软垫和玻璃摩擦，而不再使用手摩擦起电。

• 1785 年，荷兰人马鲁姆（1750—1837 年）制成了带有两块玻璃板的摩擦起电机。两块板平行放置，安在一个公共轴上，每个玻璃板都有四个垫子摩擦，并用带有尖端的导体从板上收集电。

• 1882 年，英国人詹姆斯·维姆胡斯特（图 14-6）（1832—1903 年）发明了我们今天看到的圆盘式静电感应起电机。他把两块玻璃板安在同一个轴上，而转动方向相反。这种摩擦起电机的效率很高，并能产生高电压。这种起电机一直沿用至今，在教学上给学生做摩擦起电实验时，使用的就是这种起电机，在科技馆里也能看到这种摩擦起电机。

• 维姆胡斯特发明的圆盘式静电感应起电机整体结构（图 14-7）。其旋转盘由两个有机玻璃做成的圆盘叠在

图 14-6 詹姆斯·维姆胡斯特

一起组成，两圆盘中间有空隙，圆盘外侧的表面上都贴有铝片，铝片以圆心为中心对称分布。

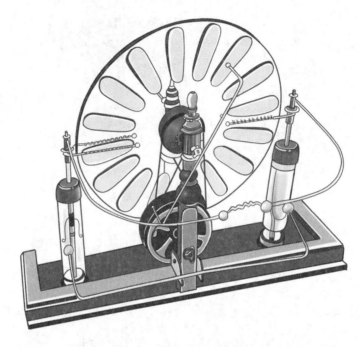

图 14-7　圆盘式静电感应起电机整体结构

实际工作时，两根传动带带动圆盘旋转，其中一根传动带被旋转 180°，这样摇动手柄时就可以使两个圆盘具有相同的角速度、不同的旋转方向。金属导杆在圆盘的两侧，金属导杆的两端通过金属刷与圆盘上的金属片接触。集电梳是一根尖针，圆盘两侧各有一根，感应起电机有两个串联的莱顿瓶，集电梳把收集到的电荷存储到莱顿瓶中。从莱顿瓶接两个放电杆，放电杆的末端有两个放电小球。维姆胡斯特起电机示意图如图 14-8 所示。

● 维姆胡斯特起电机工作原理。在干燥的天气里，你从座位上站起来握门把手的时候，可能会被电一下，因为从椅子上站起来这个动作会导致电荷流动不均。维姆胡斯特起电机本质上就是一个身体后部和椅子的理想循环系统，无休止地坐下去、站起来。

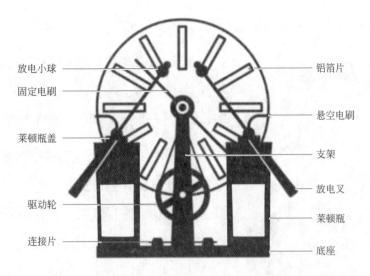

图 14-8　维姆胡斯特起电机示意图

它是如何工作的呢？基本的操作原理是这样的：当一个带电的物体接近一个不带电的物体时，电荷不平衡使电荷向不带电的物体流动。由于受到附近电荷的影响导致电荷在物体上重新分配的现象就是静电感应。

在维姆胡斯特静电感应起电机中，每一个金属部件都有两个面，它们之间存在电荷不平衡现象。把一个充满正电的金属片接近一个没有电荷的金属，带正电的金属片会把附近金属上的负电荷吸引过来，正电荷就会流向没有电荷的金属。

如果在把充上电荷的金属片从感应场移开之前将没有感应电的金属远端接地，这样剩下部分就会带满负电荷。这种接地动作就是机器上的中和极的功能。反向旋转磁盘确保这个动作反复发生，增加各部分之间的相互充电。

反向旋转磁盘持续通过金属片（铝箔片），金属片相邻但是没有挨在一起，金属片之间的电荷会越来越多。

带有导电刷的一对中和极在静电场下和每块金属接触，接地的一端是正极，那么留下的就是负电荷，反之亦然。一对电荷收集梳子获得电荷，一端是正电荷，另一端是负电荷。把电荷传送到莱顿瓶中存储起来。当电压差足够大的时候，两个电极之间就会发生放电，发出电火花。

● 现在著名的范德格拉夫起电机是由美国物理学家罗伯特·杰米森·范德格拉夫（1901—1967年）（图14-9）发明的。

美国物理学家罗伯特·杰米森·范德格拉夫于1931年发明了范德格拉夫起电机。这种以他的名字命名的设备能够产生非常高的电压——高达2000万伏。范德格拉夫发明起电机的目的是为早期的粒子加速器提供所需的高能量。这些加速器称为原子粉碎机，因为它们能够将亚原子颗粒加速至非常高的速度，然后用它们"撞击"目标原子。碰撞能够产生其他亚原子颗粒和高能量放射线（例如X射线）。这些高能量碰撞是粒子物理和核物理的基础。

图14-9　美国物理学家罗伯特·杰米森·范德格拉夫

范德格拉夫起电机是一台利用滑动的传动带累积非常高的静电电压到空心金属罩的机器。

范德格拉夫起电机有两种：一种使用高压电源来充电（图14-10），另一种使用传动带和滚轴来充电。这里，我们将讨论传动带和滚轴起电机，如图14-11所示。

这种范德格拉夫起电机由电机、两个滚轴、传动带、两个电刷、输出端子（通常是金属球）等部件组成。在范德格拉夫起电机内，一条滑动传动带套在起电机底部的一个塑胶滚轴上。当电机带动滚轴转动时，传动带与滚轴发生摩擦并使滚轴带有负电荷。当滚轴持续转动时，其负电荷会一直累积，并在滚轴下方的尖锐金属刷上感应出正电荷。滚轴和金属刷间的电场持续增加并使金属刷附近的空气分子电离。电离后的空气正离子会受金属刷的排斥而依附在传动带的表面，这些正离子被传动带带到上方的空心圆顶（起电机的金属罩）。同样地，在起电机的上方通过空气电离及尖锐金属刷，正电荷将会转移到金属罩上。这样会使得大量的正电荷积存在金属罩上，并使它的电位增加。

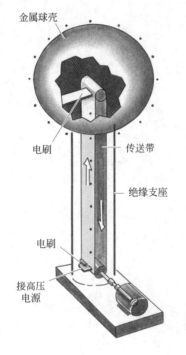
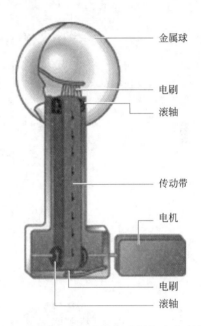

图 14-10　高压电源充电的起电机结构图　　图 14-11　传动带和滚轴起电机结构图

当我们将金属棒靠近金属罩时，若它们之间电位差达到每厘米约 30000 伏，而空气又较为干燥时，金属棒及金属罩之间就会产生电流并由金属罩流向金属棒，此时我们就会看见火花的产生，如图 14-12 所示。

许多人都见过这个能让人们的头发直立的、称作范德格拉夫起电机的设备。该设备看起来就像一个安装在底座上的大铝球，您可以从图 14-13 中看到它的效果。

当范德格拉夫起电机开始充电时，它会把电荷转移给接触它的人。由于人的头发带相同电荷，因此它们将彼此排斥。这就是头发能够直立的原因。反转范德格拉夫起电机，也将产生同样的结果。只要人体是绝缘的，电荷就会累积（当然，假定头发是清洁干燥的）。

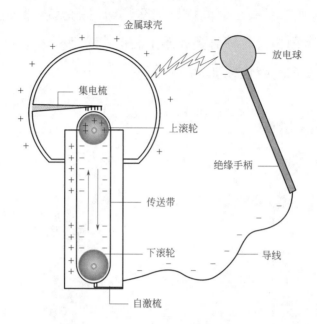

图 14-12　演示实验用的范式起电机

图 14-13　每根头发因从金属罩上得到相同的电荷而互相排斥

这种由人工产生的新奇电现象，引起了当时社会的广泛关注，不仅一些王公贵族喜欢观看和欣赏电的表演，连一般老百姓也被吸引。整个社会都对电现象感兴趣，普遍渴望获得电的知识。演示电的实验吸引了大量的观众，甚至大学上课时的电学演示实验，公众都挤过去看。摩擦起电机的出现，也为实验研究提供了电源，对电学的发展起了重要的作用。

经过英国、德国几代科学家改进，摩擦起电机效力和威力都有了很大提高，能够产生强大的火花。特别是能从人身上生出火花来，引起世人的惊奇，促使人们对电的本质、物质结构以及雷电现象等进行探索，从而促进了电学的发展。

 趣闻轶事

马德堡半球实验

格里克和助手做了两个半球，直径 30 多厘米，并请来一大队人马，在市郊做起"大型实验"。

1654 年 5 月的一天，美丽的马德堡市风和日丽，晴空万里，一大批人围在实验场上，熙熙攘攘，十分热闹。有的人支持格里克，希望实验成功，有的人断言实验会失败，人们在议论着，争论着，预言着，还有的人一边从大街小巷往实验场跑，一边高声大叫："市长演马戏了！市长演马戏了！"

格里克和助手当众在这个黄铜的半球壳中间垫上橡胶圈，再把两个半球壳灌满水后合在一起，然后把水全部抽出，使球内形成真空，最后把气嘴上的龙头拧紧封闭。这时，周围的大气把两个半球紧紧地压在一起。

格里克一挥手，四个马夫牵来八匹高头大马，在球的两边各拴四匹。格里克一声令下，四个马夫扬鞭催马，八匹马反向拉球，好像在拔河似的。"加油！加油！"实验场上黑压压的人群一边整齐地喊着，一边打着拍子。四个马夫，八匹大马，搞得浑身是汗，但是铜球仍是原封不动，格里克摇摇手暂停一下。然后，左右两队人马加倍。马夫们喝了些水，擦擦额头上的汗水，又在准备着第二次表现。格里克再一挥手，实验场上更是热闹非常。十六匹大马，尽全力拉，八个马夫在大声吆喊，挥鞭催马……实验场上的人群，更是伸长脖子，一个劲儿地看着，不时地发出"哗！哗！"的响声。突然，"啪！"的一声巨响，铜球分开成原来的两半，格里克举起这两个重重的半球自豪地向大家高声宣告："先生们！女士们！市民们！你们该相信了吧！大气压是有的，大气压力大得这样厉害！这么惊人！……"

实验结束后，仍有些人不理解这两个半球为什么拉不开，七嘴八舌地问他，他耐心地做着详尽的解释："平时，我们将两个半球紧密合拢，无须用力，就会分开，这是因为球内球外都有大气压力的作用，相互抵消平衡了，好像没有大气作用似的。今天，我把它抽成真空后，球内没有向外的大气压力了，而球外大气紧紧地压住这两个半球……"

通过这次"大型实验"，人们终于相信有真空，有大气，大气有压力，大气压很惊人。

静电的应用与危害

在日常生活中有很多静电的应用，像复印机、静电除尘器、静电喷漆。此外，认识静电可以使我们避免它可能带来的危险。例如在运载易燃物品的车辆尾端系上接地铁链，把电荷传到地面，以免电火花引发火灾。同一道理，医院的手术室里，因为时常应用氧气和易燃的麻醉药物，所以地板通常是抗静电的，所有机器亦需接地，以免火花引发爆炸。

静电是由不同物质的接触、分离或相互摩擦而产生的，静电的电位一般比较高，例如人在脱衣服时，可产生1万多伏的电压（不过其总的能量是较小的）。静电的危害大体上分为使人体受电击、影响产品质量和引起着火爆炸三个方面，其中以引起着火爆炸最为严重，可能导致人员伤亡和财产损失。造成这些事故的主要原因是静电放电时产生的火花将可燃物引燃，因此，在有汽油、苯、氢气等易燃物质的场所，人们要特别注意。

第 15 章
斯蒂芬·格雷发现了电的传导现象

● 什么是导体？善于导电的物体叫导体，如各种金属（铜、铝、铁、金、银等）、大地、人体、石墨，酸、碱、盐的水溶液，水以及潮湿的物体，碳素纤维制品等都是导体，如图 15-1 所示。

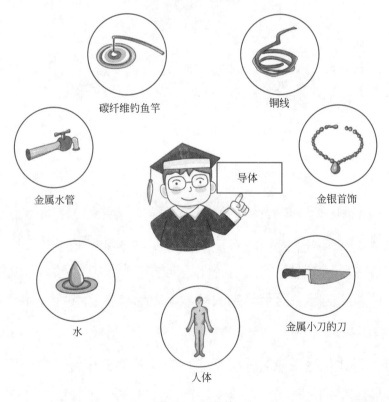

图 15-1　导体

● 什么是绝缘体？不善于导电的物体叫绝缘体，如图 15-2 所示，如橡胶、玻璃、陶瓷、塑料、油等都是绝缘体，一般情况下的空气、二氧化碳等也都是绝缘体。导体善于导电，是因为导体里有大量的自由电荷，绝缘体不善于导电，是因为绝缘体里几乎没有可以自由移动的电荷。

图 15-2　绝缘体

- 对我们同样重要的导体和绝缘体。导体和绝缘体是同等重要的电工材料，电线芯用金属来做，因为金属是导体，容易导电；电线芯外面包上一层橡胶或塑料，因为它们是绝缘体，能够防止漏电，对我们也是有重要用处的，要能从实际生活用品中识别导体和绝缘体。用绝缘材料制成的电工用品如图 15-3 所示。

另外，导体和绝缘体之间没有绝对的界限，在一定条件下可以相互转化。如玻璃在加热的情况下可以变为导体；木头在潮湿的情况下可以变为导体；空气在强电力的作用下可以变为导体。

第15章 | 斯蒂芬·格雷发现了电的传导现象

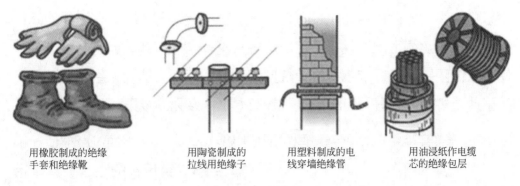

| 用橡胶制成的绝缘手套和绝缘靴 | 用陶瓷制成的拉线用绝缘子 | 用塑料制成的电线穿墙绝缘管 | 用油浸纸作电缆芯的绝缘包层 |

图 15-3 绝缘材料制成的电工用品

- 斯蒂芬·格雷发现电可以传导。1800年以前，世界上能出现的电都是摩擦而产生的静电。当时无人知道电是否能传导，英国的一位叫格雷的发明家发现电是能传导的。

斯蒂芬·格雷（1666—1736年）（图15-4）1666年在英国肯特州坎特伯雷出生。父亲是一位染工和木匠。格雷受过一些基本教育后，就跟他的父亲当染衣的学徒。但他对自然科学，尤其是天文感兴趣。他没上过大学，是一个自学成才的人。他主要从事电的研究和天文观察。

1690～1716年格雷主要从事天文定量和精密观察日

图 15-4 英国物理学家斯蒂芬·格雷

月食、太阳黑子、木星的卫星等研究工作。他是一位熟练的观察者，剑桥学院雇他做行星天文台的观测员。晚年他对电学很感兴趣，最重要的贡献是发现了电的传导现象，确定了有的物体是导电体，有的物体是非导电体。

- 人类首次认识到电可以传导。18世纪20年代的一天，英国伦敦中部的一所接纳孤儿和老人的慈善机构——卡尔特修道院来了一位名叫斯蒂芬·格雷的人。格雷原来是一名十分成功的丝绸印染商，在工作期间他经常能看到丝绸上出现火花，他对这些火花非常感兴趣。但是，一场意外使他家徒四壁，幸好卡尔特修道院接纳了他。然而，这次人生的挫败反而给了他更多的时间进行电学实验，并取得了一系列的成果。

在一次实验中，格雷无意间发现了电能够传导。格雷通过摩擦使一根大约3.5英尺长的空心玻璃管带上电，为了防止灰尘进入玻璃管内而影响实验，他将管子的两头塞上软木塞。这时，他发现了一个奇怪的现象：软木塞也能吸引羽毛。由于他并没有摩擦软木塞而只摩擦了玻璃管，因此，他猜测软木塞上的电是从玻璃管传导过来的。

图 15-5　格雷用实验证明电能够传导

这会是真的吗？电可以传输吗？为了验证他的想法，格雷又做了另一个实验（图15-5）。他将一根长约4英寸（1英寸=25.4毫米）的金属棒的一头插入玻璃管顶端的软木塞里，在金属棒的另一头用绳索扎上一个未带电的象牙球。然后，他开始摩擦玻璃管。他十分小心，一点儿也没有碰到软木塞、金属棒和象牙球。谁知摩擦了玻璃管以后，羽毛都吸附到象牙球上了。因此，他断定电是能够传输的。

● 传导距离、导体与绝缘体。在验证了电能够传输之后，格雷对电能够传输多远产生了兴趣。

有一次，他把象牙球吊在一根金属线上，金属线拴在玻璃管一端的软木塞上。当他摩擦玻璃管时，象牙球仍然能够吸引羽毛。他使用的金属线越来越长，甚至站到屋顶上，直到金属线长达30多英尺时，象牙球仍能吸引羽毛。于是，他试图让电荷通过一条更长的金属线。

然而，斯蒂芬·格雷当时是一位没有职业的穷人，仅凭一点失业金度日。他的朋友约翰·德札古利埃（图15-6）却是个有钱人，出于对电学研究的共同爱好，两人结成了莫逆之交。说实话，没有约翰·德札古利埃的资助，格雷的研究是难以进行的。德札古利埃对格雷的实验很感兴趣，并决定与格雷一起进行研究。

图15-6 约翰·德札古利埃

格雷和德札古利埃一起改进了实验。这次实验，格雷想从水平方向延长金属线。他用铁钉将金属线固定在实验室顶棚的两端。这次，无论如何摩擦玻璃管，象牙球都不再吸引羽毛，似乎电停止了流动。问题究竟出现在哪呢？仔细比对之后，他发现这次实验与之前所有实验的最大区别就在于使用了铁钉，他猜测是铁钉让电跑到了横梁上，不再流向象牙球了。

几天后，又一次实验开始了。格雷在实验室里把金属线从这一头拉到那一头，一会儿实验室里便布满了金属线（图15-7）。他又在金属线的一端系上一只象牙球，这才对约翰·德札古利埃说："你把羽毛放在象牙球附近，注意观察。我去另一边。"格雷走到另一端，然后用力摩擦玻璃棒。当他把带电的玻璃棒与金属线接触时，守在另一端的约翰·德札古利埃立即大声喊道："电传过来了，象牙球吸住羽毛啦！"

两位朋友沉浸在成功的喜悦之中。约翰·德札古利埃说："格雷，你真了不起，你能解释一下成功的奥妙在哪里吗？"格雷说："以前之所以不成功，问题出在固定金属线的铁钉上。因为假定金属是传电的物质，当我们用铁钉固定金属线的时候，电自然就顺着铁钉跑到横梁去了。这些天我一直在进行实验，寻找不传电的物质，结果我发现丝线就是一种很好的不传电的物质。"约翰·德札古利埃说："我才注意到今天的实验全部改用丝线固定金属线了！我的好朋友，这本身就是一个重要的发现。"

图 15-7　格雷的导电实验示意

之后，格雷又做了很多实验，一直将金属线延长到大约 270 米时，仍然能够看到吸引羽毛的现象，从而验证了电能够传输较远距离。此外，格雷还发现必须尽量避免让导电媒介接触地面，否则，象牙球也无法吸引羽毛，即地面也是导体。

在一系列验证电能传输多远的实验中，他还逐渐掌握了不同材料对电的传导能力。他将物质分为两类，一类允许电通过，容易导电，比如人的身体，铁、铜等金属；另一类不容易导电，能够将电能存留在其中，并阻止它自由移动，比如丝绸、头发、玻璃、琥珀等。

电能长距离传输，但接触的其他导体会将电引走，所以为了保证电的正常传导，格雷把绝缘体缠绕在金属导线上，使电免受干扰，沿着导线一直传导下去。这就是世界上第一根电线（图 15-8）。

图 15-8　远距离输送电荷实验

接替豪克斯比担任牛顿实验室的约翰·德札古利埃也接着格雷的实验做了很多研究，他将格雷所区分的两类物质分别命名为"导体"和"绝缘体"。

● 飞翔男孩实验。在斯蒂芬·格雷之前，全世界没人知道电能传导。为了向人们展示电的传导，格雷设计了一个十分巧妙且著名的实验，被称为"飞翔男孩实验"（图 15-9）。

图 15-9　格雷的导电实验——飞翔男孩实验

在格雷的实验中，最令人难忘、独特新奇，也是人们津津乐道了很多年的，是那个悬挂的带电男孩。1730 年的一天，格雷在修道院的一个大厅里架起一个牢固的木架，用结实的丝绳悬挂上一个 47 磅[1]重的男孩，就像挂了一只大鸟。这个男孩大概是卡尔特修道院的一个学生，他的全身被不导电的布料厚厚地包裹着，只露出头、手和脚。男孩伸出的一只手握住一根短金属棒，上面悬挂着一个象牙球。待一切安排完毕，格雷通过金属棒将静电传导到男孩身上，在男孩身体下面，有三堆很轻的铜片，铜片先是升起来，然后又降落下去。一些观众甚至说他们看到了男孩指尖的火花。这些实验充分证明，电能够传导。

针对该实验的描述有很多大同小异的版本，现在已经很难考证当时的确切情况。不过都是些细节的差异，并不妨碍实验最关键部分的真实性。

这个实验中金属、男孩是导体，电可以自由地流动；木架和丝绳作为绝缘体则阻止了电通过木架和丝绳跑掉。这个经典的实验场景后来被很多国家的研究人员所模仿和改进，并呈现出越来越多新奇的现象。

绝缘体与导体的区分方法，至今仍然十分重要。以现代电力系统中的输电塔为例，它的工作原理与格雷设计的飞翔男孩实验的工作原理完全一致。电线是导体，玻璃或者陶瓷则是绝缘体，被放在电线和输电塔的金属主体之间，就像格雷实验中的丝绳一样，阻止电线中的电流漏入塔身和地面。

后来，格雷又发现放在带电体旁边的不带电物体也会带上电，即电可以不经接触，在一定距离内不同物体间传输。这样，他又成了全世界发现电感应现象的第一人。

格雷因揭示了电的传导，区分了导体与绝缘体，在 1731 年获得了英国皇家学会的第一届科普利奖章。1732 年他又因为电感应实验获得了第二届科普利奖章，并成为英国皇家学会的院士。

---

[1] 1 磅 = 0.454 千克。

第 15 章 | 斯蒂芬·格雷发现了电的传导现象

趣闻轶事 　第一个让电荷奔跑的人是斯蒂芬·格雷。1729年，斯蒂芬·格雷在研究琥珀的电效应是否可传递给其他物体时发现了导体和绝缘体的区别：金属可导电，丝绸不导电。他最重要的贡献是发现了电的传导现象。

你知道吗？ 　**为什么导体容易导电，绝缘体不容易导电呢？**

原来，在绝缘体中，电荷几乎都束缚在原子的范围之内，不能自由移动，也就是说，电荷不能从绝缘体的一个地方移动到另外一个地方，所以绝缘体不容易导电。相反，导体中的电荷比较自由，可移动到另外的地方，所以导体容易导电。金属是最重要的导体。在金属导体中，部分电子可以脱离原子核的束缚而在金属内部自由移动，这种电子叫作自由电子。金属导电，靠的就是自由电子，金属中的电流是带负电的自由电子发生定向移动形成的。根据电流方向的规定可知，金属中的电流方向跟自由电子移动的方向相反。

第 16 章
最初的尝试——两种电荷的发现

- 从摩擦起电说起。如图 16-1、图 16-2 所示，用摩擦的方法使物体带电叫作摩擦起电。物体有了吸引轻小物体的性质，就说明物体带了电，或者说带了电荷。

图 16-1　摩擦起电　　　　图 16-2　物体有了吸引轻小物体的性质

- 电荷间的相互作用。人们对电现象进行观察研究的过程中，发现了一个很有趣的现象：两个相同的物体与其他某一物体摩擦后，这两个相同物体之间不是相吸而是相斥。比如两根玻璃棒用丝绸摩擦后，玻璃棒之间是相互排斥的，而用丝绸摩擦的玻璃棒与毛皮摩擦过的橡胶棒互相吸引。同时还观察到，同一个带电体如果与用毛皮摩擦过的橡胶棒相吸，它就一定与用丝绸摩擦过的玻璃棒相斥，如图 16-3 所示。

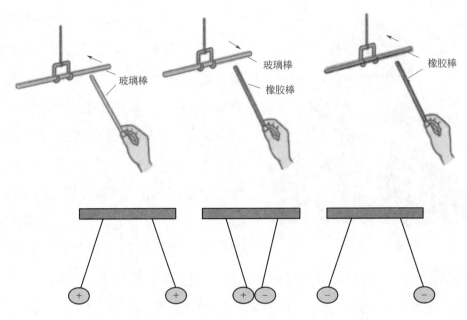

图 16-3　同种电荷互相排斥，异种电荷互相吸引

自然界中只存在两种电荷。实验发现：用丝绸摩擦过的玻璃棒带的电叫正电，用符号"＋"表示；用毛皮摩擦过的橡胶棒带的电叫负电，用符号"－"表示。电荷之间相互作用的规律是：同种电荷互相排斥，异种电荷互相吸引。

● 查尔斯·杜菲的发现。1733 年，查尔斯·杜菲在实验中发现摩擦玻璃所产生的电和摩擦松香所产生的电是不同的，他把电分为两类，前者称为玻璃电，后者称为松香电；且同种电荷相互排斥而不同种电荷相互吸引。他宣称：电是由"正"和"负"两种流体组成的。这便是电的双液体理论，这个理论 18 世纪被本杰明·富兰克林的单液体理论所否定。

查尔斯·杜菲虽然是化学家，但他对科学的主要贡献是在物理学方面。他研究和描述了磁场性质，说明磁场强度如何随距离变化，并且描述了自然界的磁现象。他的研究和发现对后来研究地球磁场、地质和地貌有很大的帮助。

图 16-4 法国物理学家查尔斯·杜菲

● 所有的物体都可以摩擦起电。法国皇家花园里的管家、物理学家、巴黎科学院院士的查尔斯·杜菲（1698—1739 年）（图 16-4）是当时深入探讨静电现象的第一人，他重复了格雷的实验，于 1733 年发现，绝缘了的非电性物体也可以通过摩擦起电的办法带上电，否定了格雷将物体分成"电的"和"非电的"的论断，并指出，所有物体都可以通过摩擦起电。他甚至以自己的"非电的"身体来做带电实验。他让助手把自己用绝缘的丝绳悬吊在天花板上，再用起电机使自己带电，这时，当助手靠近他时，他突然感到针刺般的电击，并听到了"噼噼啪啪"的响声，他被吓了一大跳，不过他没有被吓倒，晚上又重复了这个实验；他还发现在放电过程中有突然闪现的火花，这进一步说明人体这种"非电的"物体也可以带电。随后杜菲对原来的验电器做了改进，把轻的指针用金属箔来代替，并用它对摩擦带电的玻璃棒和玻璃做了检验，发现不同的材料，经摩擦后产生的电是不同的。由此他认为，只有两种不同性质的电（他称之为"玻璃电"和"松香电"），且同性电互相排斥，异性电互相吸引。他在文章中写道"互相排斥的物体具有相同的电性，互相吸引的物体具有不同的电性。不带电的物体可以从另一种带电物体获得电性，这时两者所带的电性是相同的。"

● 电有两种，并且同性电相斥，异性电相吸。1733 年，杜菲将一小块软木包上一层金箔，然后用丝线将这块软木悬挂在顶棚上，他用一根带电的细棒与金箔接触，使金箔也带电，电流均匀地散布到金箔的表面。如果杜菲想要在金箔带电后使电跑走，必须用一块金属去接触金箔。这样，电流就会立即流进金属块。

于是，杜菲将另一块软木也包上金箔，用同样的方法将它悬挂在前一块软木的附近。这样一来,两块软木并排挂着,它们的间隔只有几英寸。顶棚是水平的,所以两块软木都垂直向下。他认为如果使其中一块软木的金箔带电,一定会吸引另一块软木。他用丝绸摩擦一个玻璃棒,使它充满电流,又将这根玻璃棒与其中一块软木的金箔接触,一部分电流便流入金箔。

后来发生的情况正如他所预料的那样,金箔带电的软木与那块金箔没有带电的软木之间产生了吸引力,原来垂直向下的软木彼此靠拢。电的吸引力把它们往一起拉(图16-5)。

但是,如果两块软木的金箔都是带电的,那么每块软木都应具有吸引力,在杜菲看来,这会使吸引力增加一倍,软木将彼此靠得更近,倾斜度也会更大。

杜菲做了实验。开始时他将两块软木垂直悬挂,然后摩擦玻璃棒,并用这根玻璃棒分别与两块软木的金箔接触。但是,出乎他的意料,两块软木之间的引力并没有加强,它们之间发生的倾斜是向外的,或者说,它们是互相排斥的(图16-6)。

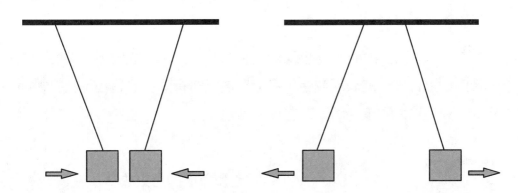

图16-5　金箔带电的软木吸引不带电的软木　　图16-6　两块金箔带电的软木互相排斥

这简直是个谜,难道说,这就是电的作用方式吗?或者说,他使用的玻璃棒有问题吗?也许他应该使用完全不同的材料做实验。于是,他开始用羊毛摩擦松香棒,因为羊毛的摩擦力更大。当松香带电后,他拿松香分别与两块软木外包的金箔接触。两块软木立即互相推开，它们彼此相斥。

杜菲又做了另一种实验。这一回，他用丝绸摩擦一根玻璃棒，然后拿这根玻璃棒与其中一块软木的金箔接触。接着，他用羊毛摩擦一根松香棒，并拿着这根松香棒去跟另一块软木的金箔接触。这一回产生的是吸引力，两块金箔带电的软木互相吸引而靠拢。

杜菲断定，电流有两种。一种是玻璃棒受摩擦时产生的，即玻璃电，另外一种是在松香里产生的，即松香电。如果两块软木的金箔带的电相同，它们就会互相排斥。如果两块软木的金箔带的电不同，它们就会互相吸引。

为了证实这一点，杜菲又进一步做了实验。他将带电的玻璃棒与一块软木的金箔接触，使这块软木的金箔带有玻璃电。然后，他把玻璃棒拿开，再将它缓慢地向着软木一点一点靠近。果然，因为玻璃棒和软木都带着同样的电，它们彼此相斥，玻璃棒会将软木推开。

当他拿着带电的松香棒时，软木就向着松香棒靠近，被吸引过去。而当他先用松香棒使软木的金箔带上电流后，情况恰好相反。这时，松香棒排斥软木，而玻璃棒却吸引软木。

杜菲继续使用其他材料做实验。他发现，无论什么时候，他使一件物体带电，这件物体的表现或是和带上玻璃电时相同，或是和带上松香电时相同。只有这两种电，而不存在第三种电。

趣闻轶事

正电和负电的历史故事

1733年法国人杜菲用实验发现，带电的玻璃和带电的松香是相互吸引的，但是两块带电的松香或者两块带电的玻璃则是相互排斥的。这些现象的原因是什么呢？他猜想很可能是相互排斥的带电体带的是相同种类的电荷，而相互吸引的两个带电体带的是异种电荷。也就是说，自然界存在着不同种类的电荷。那么存在几种电荷呢？如何进行电荷的分类呢?

杜菲经过对大量的实验事实进行比较分析,大胆地断定,电只有两种:一种是在松香里产生的,他称其为"松香电";一种是与玻璃带的电性质相同,他称其为"玻璃电"。

由于"松香电"和"玻璃电"对其他带电体的作用恰恰相反——被"松香电"吸引的带电体一定被"玻璃电"排斥,所以人们就分别称它们为阳电(也叫正电)和阴电(也叫负电)。就好比我们人有男女之分一样。当时只是用阳和阴或正和负来说明两种性质不同的电,至于称谁为正电或负电,完全是任意的。

为了统一起见,到了1747年,美国的富兰克林便把丝绸摩擦过的玻璃棒带的电称为"正电",用"+"号表示;把毛皮摩擦过的松香(或琥珀)带的电称为"负电",用"-"号表示。

你知道 17 ~ 19 世纪发展电磁学的科学家是谁吗?

古希腊学者泰勒斯最早发现了"电";17世纪,英国吉尔伯特首次以文字的形式论述了"电";17世纪30年代,英国人格雷发现了电的导体和绝缘体;法国人杜菲将电分为两类,即玻璃电和松香电;18世纪美国人富兰克林用"风筝实验"证明了自然界中"电"的存在;19世纪上半叶,在奥斯特发现了电流的磁效应后,很多科学家致力于寻找磁场与电流的关系,英国物理学家法拉第经过十年的不懈努力,终于发现了闭合电路中的部分导体在磁场中做切割磁感线运动时会产生感应电流,即电磁感应现象,后人根据这一现象制造了发电机;19世纪下半叶,英国物理学家麦克斯韦提出了电磁理论。

第 2 篇
人类进入了蒸汽机时代

蒸汽机车

第 1 章
纽科门发明了大气活塞蒸汽机

● 蒸汽机的简介。蒸汽机是将蒸汽的能量转换为机械能的往复式动力机器，蒸汽机的出现引起了 18 世纪的工业革命。到 20 世纪初，它仍然是世界上最重要的原动机，后来才逐渐让位于内燃机和汽轮机等。蒸汽机需要一个使水沸腾产生高压蒸汽的锅炉，这个锅炉可以使用木头、煤、石油或天然气甚至垃圾作为燃料，然后由锅炉产生的蒸汽膨胀推动活塞做功。

● 蒸汽机的工作原理。蒸汽机的工作原理是，首先燃料燃烧后的热能使锅炉中产生高温、高压的蒸汽，然后蒸汽进入蒸汽机的气缸，并推动活塞往复移动，再通过曲柄连杆机构将活塞往复直线运动转变成曲轴的圆周运动。

燃料燃烧加热锅炉中的水，产生蒸汽推动活塞往复运动，经连杆和曲轴转换成旋转的运动，这是大部分回转式蒸汽机的工作原理，在飞轮回转一圈时，活塞做一次往返运动，而往与返都是动力冲程（都受蒸汽的推动）。图 1-1 中有一个可左右滑动的滑动阀，首先蒸汽由左方 A 口进入气缸左端，推动活塞向右移动，接着滑动阀向左移动封住 A 口，蒸汽转由右方 B 口进入气缸右端，推动活塞向左，因此活塞无论前进或后退都是动力冲程。

● 蒸汽机的发明。蒸汽机的发明使得人类的生活与世界的文明发生了变化。过去由人力，以及畜力（牛、马）、水、风等驱动的机器，全部可以用蒸汽机来替代了。可以说，有了蒸汽机才有了现代的机械文明。

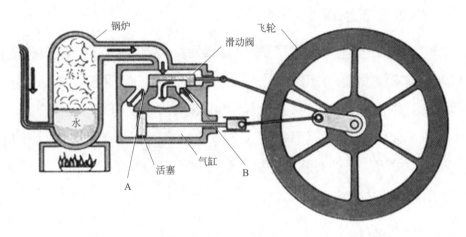

图 1-1 蒸汽机的工作原理

世界上第一台蒸汽机是由古希腊数学家希罗（图 1-2）于 1 世纪发明的汽转球，它是蒸汽机的雏形，如图 1-3 所示。

图 1-2 希罗

图 1-3 汽转球

1679 年，法国人丹尼斯·巴本（图 1-4）发明了蒸汽高压炊锅。他用高压锅内蒸汽推动一个圆筒内的活塞，他的设计思想很是新颖，气缸加热产生蒸汽，推动活塞上升到顶端，然后气缸降温，活塞又被推回，于是装置就运转起来。这是早期的简易的蒸汽机模型。但是巴本的发明没有实际运用到工业生产上。

17世纪末的英国，完成了资产阶级革命，工业有了前所未有的发展，对燃料的需求量剧增，煤矿开采的规模越来越大，但面临的尖锐问题是，如何解决矿井的积水问题。很多工程师都在潜心研制可用于生产的非人力抽水机。1698年，英国工程师托马斯·萨维利（图1-5）在抽水机的原理基础上，发明了把动力装置和排水装置结合在一起的蒸汽泵，制造出了第一台用蒸汽作为动力的抽水机。

图1-4　丹尼斯·巴本

图1-5　托马斯·萨维利

萨维利制成的世界上第一台实用的蒸汽泵（图1-6），在1698年取得名为"矿工之友"的英国专利。它是将一个蛋形容器先充满蒸汽，然后关闭进气阀，在容器外喷淋冷水使容器内蒸汽冷凝而形成真空；打开进水阀，矿井底的水受大气压力作用经进水管吸入容器中；关闭进水阀，重开进气阀，靠蒸汽压力将容器中的水经排水阀压出；待容器中的水被排空而充满蒸汽时,关闭进气阀和排水阀,重新喷水使蒸汽冷凝;如此反复循环,用两个蛋形容器交替工作,可连续排水。萨维利蒸汽泵是一种没有活塞的蒸汽机,虽然燃料消耗很大,也不太经济,但它是人类历史上第一台实际应用的蒸汽机。

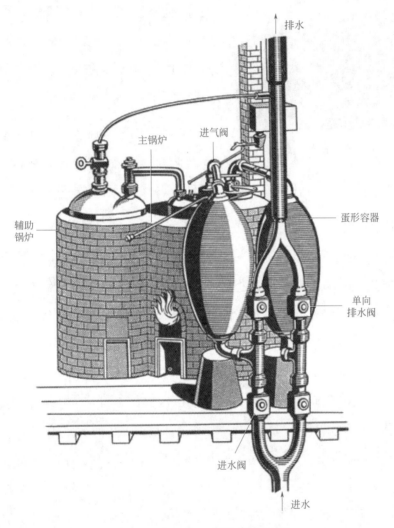

图1-6 托马斯·萨维利蒸汽泵

- 纽科门的蒸汽机。1705年,英国工程师托马斯·纽科门(图1-7)综合了萨维利和巴本二人技术的优点,设计并制成了一种更为实用的蒸汽机,称为纽科门蒸汽机,并取得了"冷凝进入活塞下部的蒸汽并把活塞与连杆连接以产生运动"的专利。

图1-7　托马斯·纽科门

纽科门出生于英国达特马斯的一个工匠家庭，幼年仅受过初等教育，年轻时在一家工厂当铁工。从1680年起，他和工匠考利合伙做采矿工具的生意。由于经常出入矿山，非常熟悉矿井的排水难题，同时发现萨维利蒸汽泵在技术上还很不完善，便决心对蒸汽机进行革新。

为了研制更好的蒸汽机，纽科门曾向萨维利请教，并专程前往伦敦，拜访著名物理学家胡克，获得了一些必要的科学实验和科学理论知识。

纽科门认为，萨维利蒸汽泵有两大缺点：一是热效率低，原因是蒸汽冷凝是通过向气缸外喷洒冷水实现的，从而消耗了大量的热；二是不能称为动力机，基本上还是一个水泵，原因在于气缸里没有活塞，无法将热量转变为机械力，从而不可能成为带动其他工作机的动力机。因此，纽科门对其进行了改进。针对热效率问题，纽科门没有把水直接在气缸中加热汽化，而是把气缸和锅炉分开，使蒸汽在锅炉中生成后，由管道送入气缸。这样，一方面由于锅炉的容积大于气缸容积，可以输送更多的蒸汽，提高效率；另一方面由于锅炉和气缸分开，发动机部分的制造就比较容易。针对火力的转换，纽科门吸收了蒸汽泵的优点，并引入了活塞装置，使蒸汽压力、大气压力相互作用推动活塞做往复式的机械运动。将这种机械运动传递出去，蒸汽泵就成了蒸汽机。

纽科门通过不断地探索，综合了前人的技术成就，吸收了萨维利蒸汽泵快速冷凝的优点和巴本蒸汽装置中活塞装置的长处，他制造的蒸汽气缸和抽水缸是分开的。蒸汽通入气缸后在内部喷水使它冷凝，使气缸内部真空，气缸外的大气压力推动活塞做功，再通过杠杆、链条等机构带动水泵活塞，如图 1-8 所示。纽科门蒸汽机实现了用蒸汽推动活塞做一上一下的直线运动，每分钟往返 16 次，每往返一次可将约 45 升水提高到 50 多米。该机随即被用于矿井的排水。

图 1-8　纽科门设计的第一个商业成功的大气式蒸汽抽水机

巴本并没有真正发明出蒸汽机，而纽科门不仅巧妙地利用了巴本的发明，还设计了另一个对后来蒸汽机至关重要的部件——横梁。横梁类似一个能够上下摆动的跷跷板，一面连接矿井排水装置，一面连接气缸。当气缸充满蒸汽时，横梁翘起，让矿井排水装置负责吸水的活塞处在最低端。蒸汽凝结为水后，体积缩小，在横梁的带动下，活塞上升吸水。这就是纽科门发明的大气式蒸汽抽水机的工作原理（图 1-9）。连接活塞和横梁的拉杆可以长达几十米，纽科门蒸汽机可以安装在矿井顶部，负责吸水的活塞则可深入井底，解决了萨维利蒸汽机安装高度的难题。为提高效率，纽科门还对蒸汽抽水机做了一系列改进。比如，萨维利让蒸汽冷凝的方法是在气缸外喷洒冷水，而纽科门则在气缸内部安装喷射阀，将冷水直接注入气缸，使得里面蒸汽能够迅速凝结，进而产生强力真空效果。

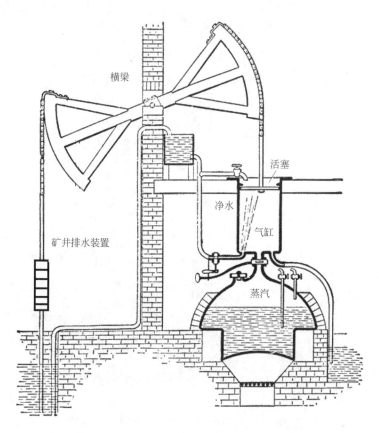

图 1-9　纽科门大气式蒸汽抽水机工作原理

1712 年的一天，纽科门在英国西部一个名为科尼格里的煤矿安装了他的蒸汽机。这个煤矿经过 200 多年的开采，已经深达 50 多米。当天，蒸汽机活塞每运动一次就能抽出约 45 升水。不久之后，《伦敦公报》报道了这台机器，"它能够将任何低处的水抽到高处，并且比迄今为止所使用的各种抽水方法都要经济和便捷，为矿山和公司成功解决了排水问题。"

这种机器 1715 年在德国、1717 年在俄国、1725 年在法国、1727 年在瑞典被相继采用。纽科门创造的功绩是成功地利用了活塞的动力，他的蒸汽机在实际生产中得到应用。

纽科门蒸汽机被广泛应用了 60 多年，在瓦特完善蒸汽机的发明后很长时间还在使用。纽科门蒸汽机是第一个实用的蒸汽机。他为后来蒸汽机的发展和完善奠定了基础。美国科技史学者威廉·罗森，在著作《世界上最强大的思想——蒸汽机、产业革命和创新的故事》中评价纽科门"开启了蒸汽机革命的大门"。

趣闻轶事

300 多年前，年轻的法国医生丹尼斯·巴本，从法国逃难到瑞士，一路风餐露宿。有一天，他来到阿尔卑斯山上，已是饥肠辘辘了，于是他用木柴烧火煮土豆吃，可水开了很久，土豆就是不熟。原来这是因为高山上空气稀薄，大气压强小，水的沸点很低（低于 100℃），还不到煮熟食物的温度就已经沸腾了，食物就难以煮熟。

你知道吗？

1679 年，法国人丹尼斯·巴本发明了蒸汽高压炊锅。他用高压锅内蒸汽推动一个圆筒内的活塞，由此发明了简易的蒸汽机。但是巴本的发明没有实际运用到工业生产上。1698 年，英国人托马斯·萨维利发明了无活塞式蒸汽抽水机，利用蒸汽压力差抽取矿井水，但效率极低。1705 年，苏格兰铁匠托马斯·纽科门制造出活塞式蒸汽机，每分钟能够做 16 次往复运动。这种蒸汽机逐渐在英国、法国和德国等用于矿井抽水。由此欧洲进入了工业革命初期。

第 2 章

珍妮纺纱机

● 什么是纺纱机？纺纱机（纺车）是采用纤维材料如毛、棉、麻、丝等，通过人工机械传动，利用旋转抽丝延长的工艺，生产线或纱的设备。这些线或纱可用来织布。最早的纺纱机是 14 世纪开始使用的，结构非常简单。旧式纺车通常有一个用手或脚驱动的轮子和一个纱锭（图 2-1）。18 世纪以后，人们发明了更好的纺纱机，就是这种纺纱机使纺织业成为第一大工业。

图 2-1 旧式纺车

18世纪中期，英国商品越来越多地销往海外，手工工场的生产技术供应不足。为了提高产量，人们想方设法改进生产技术。在棉纺织部门，人们先是发明了一种叫飞梭的织布工具，大大加快了织布的速度，也刺激了对棉纱的需求。18世纪60年代，织布工哈格里夫斯发明了叫"珍妮机"的手摇纺纱机（图2-2）。珍妮（纺纱）机一次可以纺出许多根棉线，极大地提高了生产效率。珍妮机的出现，是英国工业革命开始的标志。珍妮机的出现，使大规模的织布厂得以建立。珍妮机比旧式纺车的纺纱能力提高了数十倍，但仍然要用人力。

图2-2 珍妮机

● 英国哈格里夫斯发明珍妮纺纱机。影响世界历史进程的英国工业革命，是被一个男子"一脚踢出来"的。这个故事还是真实的呢！

事情要从1764年的一天说起。英国兰开夏郡有个纺织工詹姆斯·哈格里夫斯（图2-3），他既能织布，又会做木工。妻子珍妮是一个善良勤劳的纺织能手，她起早贪黑，一天从早忙到晚，可纺纱总是不多。哈格里夫斯每次看到妻子既紧张又劳累的样子，就想把这老掉牙的纺车改进一下。

那天晚上他回家，开门后不小心一脚踢翻了他妻子正在使用的纺车，当时他的第一个反应就是赶快把纺车扶正。但是当他弯下腰来的时候，却突然愣住了，原来他看到那被踢倒的纺车还在转，只是原先横着的纱锭现在变成直立的了。他猛然想到：如果把几个纱锭都竖着排列，用一个纺轮带动，不就可以一下子纺出更多的纱了吗？哈格里夫斯非常兴奋，马上试

图2-3　詹姆斯·哈格里夫斯

着干，第二年他就造出了用一个纺轮带动八个竖直纱锭的新纺纱机，并以他妻子珍妮的名字命名。珍妮机相比以前的纺纱机效率一下子提高了八倍。这是最早的多锭手工纺纱机，装有八个锭子，适用于棉、毛、麻纺纱。

一天夜晚，哈格里夫斯夫妇晚餐后正在谈论珍妮机给他俩带来的日渐富裕的生活。突然一阵杂乱的脚步声出现在他家门口，然后，门被粗暴地撞开，一群怒气冲冲的男男女女冲进来。他们不由分说，将房里制作好的珍妮机通通捣毁，"让你制作的害人机器见鬼去吧！"甚至还有人放火，点燃了哈格里夫斯的房屋。他们夫妇俩被赶出了兰开夏郡的小镇。

原来，英国工业革命发生后，大量失去土地的农民涌入城市，为工场主打工谋生。当时英国占领了印度作为殖民地，印度生产的棉纺织品价廉物美，热销一时，引发了英国本土棉纺业的繁荣。但是，机械工人凯伊发明了飞梭技术，使织布效率大大提高。织布需要的棉纱，却还要依靠众多家庭手工业的纺车慢慢纺出来。所以棉纱供不应求，收购价格较高。珍妮机的发明使棉纱产量上升，于是，织布厂收购棉纱价格下跌。那些没有使

用珍妮机的纺纱工人不但产量低，而且棉纱又卖不出好价钱。日子久了，他们的怒气爆发，才有了捣毁机器的那一幕发生。

哈格里夫斯夫妇不得不流落诺丁汉街头，但他俩还是努力继续改进珍妮机，改良后的珍妮机如图 2-4 所示。

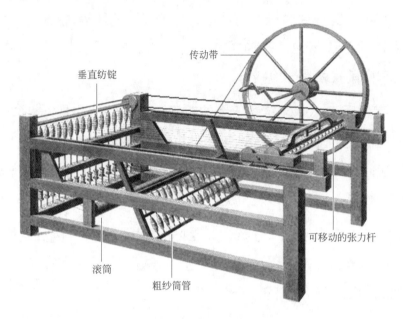

图 2-4　改良后的珍妮机

要了解珍妮机的工作原理，首先我们要了解一下纺纱的过程。锭子就是筒形的套子装在锭杆上，锭杆就是一根细杆上端带个钩子。锭杆装配在小转轮上，手摇大转轮通过绳套带动小转轮。纺时手掐一小段棉纱钩住锭杆上的钩子，然后扯一段棉条与棉纱接上，捻在手中。这样这段棉条就被锭杆钩与手固定了。这在纺纱上叫两端握持，手摇大转轮带动小转轮上的锭杆转动就叫加捻。边加捻边用手拉伸纱线。完成后停转或小小地倒转一下大转轮，纱线就从钩子上脱离了出来，再转动大转轮，减小手中的拉伸力，棉纱就卷绕到筒型的锭子上了。珍妮纺纱机实际上就是将一个锭子变成了 N 个锭子。

珍妮机工作的时候，手摇的大转轮通过绳套连接带有小转轮的转轴，转轴上装有 N 个用绳套连接锭杆的从动轮，锭杆上同样装有锭子。粗纱穿过小走车的压板，钩住锭杆。小走车是一个能在滑道上前后移动的车子，上面装有上下两块压块，拉起后能通过粗纱，放下后能压住棉纱。

纱线被锭杆钩住后就被握持住了，小走车上的压板也握持了纱线，纺时转动大转轮带动转轴，转轴通过绳套转动锭杆，这就是纱线的加捻过程。将小车向前推就是一个拉伸过程。

纺纱完成后小小地倒转一下大转轮再顺转，使纱线从锭杆钩上脱下。放下锭子压板使锭子与锭杆同轴转动，将纱线卷绕到锭子上，整个过程就完成了。拉起小走车上的压板使粗纱进一小段料。重复上面的过程就能将粗纱纺成细纱了。这就是珍妮机的纺纱原理。

珍妮机不但效率高，而且纺出的纱质量也比较好，因此哈格里夫斯的生意不错，珍妮机也渐渐流传开来了。珍妮机被恩格斯评价为使英国工人的状况发生根本变化的第一个发明。

1768 年，哈格里夫斯获得了专利。到了 1784 年，珍妮机已增加到八十个纱锭。四年后英国已有两万台珍妮机了。

工业革命不断地催生出新的发明。1769 年，理查德·阿克莱特发明了水力纺纱机。它以水力为动力，不必用人操作，而且纺出的纱坚韧而结实，解决了生产纯棉布的技术问题。但是水力纺纱机体积很大，必须搭建高大的厂房，又必须建在河流旁边，并需要大量工人集中操作。于是，1771 年，理查德·阿克莱特建立起有三百名工人的工厂，十年后工人增加到六百名。纺织业就这样逐渐从手工业作坊过渡到大工厂作业。到 1800 年，英国已有三百家这样的工厂。但这种机器纺出的纱太粗，还需要改进。

童工出身的塞缪尔·克隆普顿结合珍妮机和水力纺纱机的特色，于 1779 年发明了走锭精纺机，又称骡机。这种机器纺出的棉纱柔软、精细又结实,很快得到应用。到 1800 年,英国已有六百家骡机纺纱厂。

英国纺纱业的大发展,使织布业反倒显得落后了。1785 年,牧师卡特莱特发明水力织布机,使织布效率提高了 40 倍。到 1800 年,英国棉纺业基本实现了机械化。

纺纱机、织布机由水力驱动,工厂必须建造在河边,而且受河流水量的季节差影响,造成生产不稳定,这就促使人们研制新的动力驱动机械。1785 年,瓦特的改良蒸汽机开始用作纺织机械的动力,并很快推广开来,引起了第一次技术和工业革命的高潮,人类从此进入了机器和蒸汽时代。到 1830 年,英国整个棉纺工业已基本完成了从工场手工业到以蒸汽机为动力的机器大工业的转变。

蒸汽机作为动力,从纺织业开始,逐渐被广泛应用于采矿、冶金、磨面、制造和交通运输等各行各业。1807 年,美国人富尔顿发明蒸汽船。1814 年,英国人斯蒂文森发明火车。19 世纪 40 年代,英国的主要产业均已采用机器,完成了工业化,成为世界上第一个工业化的资本主义国家。

从工场手工业过渡到机器大工业的工业革命,是先从英国的纺织业开始的。继而,工业革命的先进技术又被美、法、德、俄等欧美国家广泛吸收和采用,大大提高了劳动生产力,又促进了商业和运输业的发展,加速了城市化的进程,极大地改变了人们的生活。

趣闻轶事

珍妮机的起源

在创造思维中获得灵感有很多形式,其中由偶然的、突发的事件受到启发,是一种常见的形式。1764 年,在英国兰开夏郡的一个村庄里,木匠哈格里夫斯为了增加收入,家中还兼搞纺纱织布。那时织布用的飞梭刚发明不久,纺纱与织布之间的生产平衡被打破了,出现了"棉纺饥荒",多织布才能多收入。哈格里夫斯看见拼命纺纱的妻子紧张忙碌的样子，心里琢磨着寻找快速纺纱的方法。

直到一天，哈格里夫斯偶然踢翻了家中的纺车，原来横着的纺锤竖直起来，却仍在转动着。"噢，这可真有意思！"哈格里夫斯惊叫起来。妻子要扶起纺车，哈格里夫斯赶忙阻拦说："别动，让它转，不要动。"哈格里夫斯从这意外的发现中受到了启发，从此，他试着将纺锤改为竖装，并将1个纺锤改成8个，以后又增加到16个、18个。

望着研制成功的纺纱机，夫妇俩相视而笑，他们共同分享着胜利的喜悦。哈格里夫斯指着纺纱机对妻子珍妮说："为了纪念我们的成功，就用您的名字命名，叫它珍妮机吧！"

你知道黄道婆发明了什么吗？

黄道婆是中国棉纺业的先驱，宋末元初著名的棉纺织专家，发明了脚踏三锭纺车（图2-5），能同时纺出三根纱，在当时是全球最为先进的纺车，是一个十分了不起的发明。

图 2-5　脚踏三锭纺车

第 3 章 水力纺纱机

英国理发师理查德·阿克莱特（图 3-1），改进发明了新型的水力纺纱机。这种水力纺纱机有四对卷轴，以水力作动力，纺出的纱坚韧结实，但比较粗。1771 年，他与人合伙在英国的曼彻斯特创办机器纺纱厂，改西方原家庭手工业生产形式以及从事手工业生产的工人简单聚集起来的生产形式，为工厂雇佣式的大机器集体分工合作的模式，因而被誉为"近代工厂之父"。晚年，阿克莱特已经成为英国最富有的纱厂主。

● 时代背景。18 世纪早期，工业革命的火种已在英国出现。通过资产阶级革命，英国的资产阶级推翻了封建专制制度，在政治上为工业革命扫清了道路。在国内，资产阶级通过"圈地运动"使大量农民失去土地进入手工工厂成为廉价劳动力；在国外，他们通过海外贸易的扩张，积累资本，抢夺海外市场和廉价原料产地。蓬勃发展的工厂手工业仍无法满足不断扩张的市场需要，生产手段的革新迫在眉睫。变革首先发生在工厂手工业最为发达的棉纺织业中。

图 3-1 理查德·阿克莱特

几百年来，人们一直使用的是手摇织布机（图3-2），纺织工人把带线的梭子从一边穿到另一边，工作枯燥而缓慢。如果要织出幅面宽的布匹，还需要两名劳力配合，费时费力，生产效率很低。

图3-2　手摇织布机

1733年，钟表匠约翰·凯伊发明了"飞梭"，大大提高了织布的速度，而且一个人操作完全没有问题。棉纱顿时供不应求，英国多地甚至出现了"棉纱荒"。如何提高纺纱效率成为亟待解决的问题。

● 理查德·阿克莱特出生在英国普雷斯顿一个贫穷的家庭里，因为家里孩子众多，所以阿克莱特虽然是其中最小的一个，却没有得到什么特殊的关爱和照顾。家里没钱供他接受正规的学校教育，他13岁的时候就去当学徒，学习理发和制作假发。1750年左右，18岁的阿克莱特决定自己单干,他离开故土,在博尔顿一个地下室的酒窖里开了个发廊。

阿克莱特对于商业机会有敏锐的嗅觉和灵活的头脑。他在发廊入口处贴出标牌:欢迎来地下发廊——1便士理一次发。由于价格比其他理发师低,阿克莱特的发廊顾客盈门。当其他竞争者将理发价钱也降到1便士的时候,却惊讶地看到,阿克莱特的标牌内容居然换成了"半便士剪个干净漂亮的头"。

阿克莱特曾结过两次婚,第二任妻子多少有些钱,所以,他就关闭了理发店,做起了制作假发的买卖。英国人戴假发的传统大约始于12世纪,戴假发并不只是法官和律师的专利,上流社会的人都将戴假发视为一种时尚,是出席正式场合或沙龙聚会时的正规打扮。所以,阿克莱特认为假发生意绝对有利可图。他自己从乡下收购头发,自己配色制作假发,再联系假发师推销产品,从收购原料、制作产品到市场推广的全部流程都亲力亲为。假发生意让阿莱斯特掘到了人生的"第一桶金",同时积累了经营和推广的经验。

● 理查德·阿克莱特的水力纺纱机。阿克莱特水力纺纱机是工业革命初期标志性的发明之一。阿克莱特对赚钱机器纺纱机兴趣浓厚,他和钟表匠约翰·凯一起在普雷斯顿租了房子。1768年,理查德·阿克莱特制成水力纺纱机,并于第二年取得专利,根据法律规定,其有效期间是十四年。这种纺织机械就是有名的水力纺织机械,如图3-3所示。水力纺纱机整机都是木制的,高约80英寸。这台纺织机械和1733年约翰·怀特发明的、后来由路易斯·鲍尔改进的纺织机械十分相似。这种水力纺纱机有四对卷轴,以水力作动力,纺出的纱坚韧结实,但比较粗。一旦天气干旱,河流枯竭,就不能运转了。

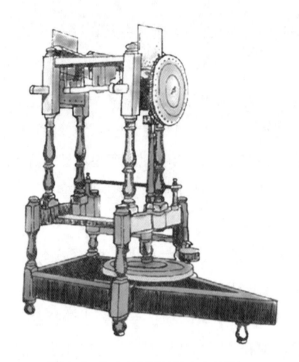

图 3-3 阿克莱特发明的水力纺纱机

● 理查德·阿克莱特建立了纺织工厂。阿克莱特深知水力纺纱机的经济价值，便和尼德、斯托拉特合作，在达维的近郊科罗姆福德建立了纺织工厂。这里的条件较好，可以充分地利用德文特河的丰富水量，他们还在急流处建立了机械制造厂。在很短的时间里，科罗姆福德的纺织工厂就获得了很大发展。阿克莱特本人也成了当时英国最大的纱厂主，同时也是英国按工厂规模利用机器生产的第一人。1772年，纺织工厂已拥有几千枚纱锭，300名工人。工厂装有水力纺织机，纺出的纱要比熟练纺织工纺出的纱结实。因此，可以取代亚麻、棉花的混纺品，织出真正的棉织品。这种棉织品并不亚于印度的棉布。美中不足的是，水力纺纱机纺出的线粗细不均，只能织粗棉布，不能制造光洁的平纹细布。

● 理查德·阿克莱特独创的管理制度。阿克莱特在厂址的选择和规划方面花费了大量的时间，并有所建树。他将棉纺织业持续生产的各个工序集中于一个工厂，在工厂中提出了一套完整的、独创的管理制度。他经常监督工人劳动，要求工人勤奋而踏实地工作，一旦发现无能、怠工等情况，就会毫不留情地加以严肃处理。但是，他不苛待工人，当时其他工厂的工人每天都要劳动14个小时或更长的时间，但他的纺织工厂的工人每天才劳动12个小时。工厂制定了严格的规章制度，工人也感到制度合理。

阿克莱特作为棉纺工业中的企业家，是当时先进管理实践的一个典型，在连续生产，厂址选择，机器、材料、人员和资本的协调，工厂纪律，人事管理，劳动分工等方面的贡献很大，他是应用高效管理原则的一个先驱者。

普遍认为，阿克莱特可以被称为"现代工厂体制的创立人"。在1961年出版的《18世纪的工业革命》一书中，作者保罗·曼多盛赞阿克莱特"体现出了一个新型的大制造业者，既不只是一个工程师，又不只是一个商人，而是把两者的主要特点加在一起，形成他自己特有的风格：一个大企业的创造者、生产的组织者和领导者的风格。"

阿克莱特从一个一文不名的穷小子，最终成为英国最富有的棉纺厂主，固然离不开英国工业革命大潮的大背景，但个人的努力也是其成功的重要因素。

在水力纺纱机的使用过程中，阿克莱特一直在坚持不懈地改进各个技术细节，直至其耐用、实用，期间经历的无数次失败和挫折只有他自己最清楚。在很长一段时间里，他的工厂被视作劳动人民的"敌人"，人们控告他剽窃专利，甚至捣毁其工厂的机器，拒绝购买他的产品，高喊："很好，我们终于收拾了这个昔日为别人刮胡子修面的家伙。"阿克莱特并没有被打倒，他在别地另建厂房重新开工。为了规范经营管理，他奔波在各个厂区间，经常从凌晨一直忙到晚上。即使出门旅行，他也在马车上办公。到了50多岁，他又开始学习英语语法，以改善自己的书写和拼写。这个一生奋斗不止的人曾经豪情万丈地对友人放言："如果我能活得相当久，那我就能富有到可以把国债还清。" 1792年8月3日，阿克莱特在科罗姆福德去世，终年60岁，死后他留下了一笔50万英镑的巨款。

狄更斯在《双城记》中描写工业革命时期的英国"这是个最坏的时代,这是个最好的时代,这是个令人绝望的春天,这是个充满希望的春天,我们前面什么也没有,我们前面什么都有"。我们就用这句话来结束这个故事吧。

中国元代的水转大纺车与英国的阿克莱特水力纺纱机

英国工业革命以水力纺纱机的发明和使用为开端。虽然托马斯·隆柏于1719年在德比建立了英国历史上第一个水力缫丝厂,但是在18世纪60年代以前,英国还未运用水力纺纱。直到1769年,具有实用价值的阿克莱特水力纺纱机定型并推广,随后克隆普顿又将阿克莱特水力纺纱机与哈格里夫斯发明的珍妮机加以改进,于1779年发明出更优良的水力纺纱机——骡机。自此,英国纺织业便在大机器生产的道路上一路发展,成为工业革命的先锋。因此阿克莱特水力纺纱机的发明,通常被认为是英国工业革命开始的标志。

水力纺纱机的发明与最早使用并不在18世纪中期的英国,而是在此前四个世纪的中国元代。在王祯《农书》中有翔实的记载。王祯把这种水力纺纱机称为水转大纺车,详细地介绍了其结构、性能以及当时的使用情况,并且附上了这种机器的简要图样,证实了世界上最早的水力纺纱机的存在。

从王祯的记述来看,这种水转大纺车已经是一种相当完备的机器了。它已具备了马克思所说的"发达的机器"所必备的三个部分——发动机、传动机构和工具机。水转大纺车的发动机(动力机、原动机)为水轮。

王祯说水转大纺车的水轮"与水转碾磨工法俱同",而中国的水转碾磨在元代之前已有上千年的发展历史,从工艺上来说是相当成熟了。水转大纺车的传动机构由两个部分组成,一是传动锭子,二是传动纱框,用来完成加捻和卷绕纱条的工作。工作机与发动机之间的传动,则由导轮与皮弦等组成。按照一定的比例安装并使用这些部件，可做到"弦随轮转，众机皆动，上下相应，缓急相宜"。

中国的水转大纺车才是世界上最早利用水力纺纱的机械，比西方的水力纺纱机要早四个世纪。水转大纺车发明在南宋（1127—1279 年）后期，元代（1206—1368 年）盛行于中原地区，是当时世界上最先进的纺纱机械。

这种水转大纺车结构较为复杂，由转锭、水轮和传动装置等三部分组成，体积庞大，全长约 9 米，高 2.7 米。通过将水的动能转化为大纺车的动能，实现自动化。每台纺车每天可纺纱 100 斤，效率是一般纺车的 30 多倍，是当时世界上最先进的纺纱机器。

以水转大纺车为代表的中国机械技术知识传入欧洲后，对以阿克莱特水力纺纱机为代表的近代工业机器的发明产生了重要的促进作用。

你知道吗？

你知道骡机名字的由来吗？

骡机，即走锭精纺机，是第一次工业革命期间纺纱机的一项重要成就，1779 年由英国工人克隆普顿发明。这种骡机集中了水力机和珍妮机的优点，可以推动 300 ~ 400 个纱锭，纺出细致而又牢固的纱线。它的动力是水力。骡子兼具了驴和马的优点，而走锭精纺机像骡子一样，由两种机器产生，且兼具两种机器的优点，故称骡机。

第 4 章

世界上第一台真正的镗床是这样诞生的

● 什么是镗床？镗床是用镗刀在工件上镗孔的机床（图 4-1）。通常，镗刀旋转为主运动，镗刀或工件的移动为进给运动。它的加工精度和表面质量要高于钻床。镗床是大型箱体零件加工的主要设备。

图 4-1 镗床

镗床主要加工哪些零件呢？镗床的主要功能是镗削工件上各种孔和孔

系，特别适合于多孔的箱体类零件（图 4-2）的加工。此外，还能加工平面、沟槽等。

图 4-2　箱体类零件

● 最早的镗床。列奥纳多·达·芬奇（1452—1519 年），是意大利文艺复兴时期最负盛名的艺术大师。他不但是画家、雕塑家、音乐家，同样还是建筑师、数学家、发明家、解剖学家、物理学家和机械工程师。他因自己高超的绘画技巧而闻名于世。他还设计了许多在当时无法实现，但是却现身于现代科学技术的发明。

15 世纪，由于制造钟表和武器的需要，出现了钟表匠用的螺纹车床和齿轮加工机床，以及水驱动的炮筒镗床。16 世纪初，达·芬奇曾绘制过车床、镗床、螺纹加工机床和内圆磨床的构想草图，里面已有了曲柄、飞轮、顶尖和轴承等机构。

镗床被称为"机械之母"。说起镗床，还得先说说达·芬奇。这位传奇式的人物，可能就是最早用于金属加工的镗床的设计者。他设计的镗床是以水力或脚踏板作为动力，镗削的工具紧贴着工件旋转，工件则固定在用起重机带动的移动台上。1540 年，中国一位画家画了一幅名为《火工术》的画，也有同样的镗床图，如图 4-3 所示，这个类似于现代加工的镗削，用特别的砣（刀具）一点一点地把内部的玉石磨掉。那时的镗床专门用来对中空铸件进行精加工。

图 4-3 《火工术》中的镗削

● 约翰·斯密顿设计制作了切削气缸内圆用的特殊机床。斯密顿是 18 世纪最优秀的机械技师之一。小时候的斯密顿就对机械十分感兴趣。到上学时,他更加热衷于钻研车床、蒸汽机等机械,并自己制作、组装了这些机械的模型,很早就显露出机械技师的素质。从学校毕业以后,约翰·斯密顿决定到一位律师那里工作。在当了 3 年左右的律师后,他因为对当时逐渐发展起来的机械技术非常感兴趣,所以放弃了律师的工作。

约翰·斯密顿想成为一名真正的精密机械工,于是去了科学器械、数学器具制造厂工作。当时,英国正处于突飞猛进的发展阶段,工业发展一日千里,交通、开采煤矿、建设港湾等项目都在顺利进行,生产建设所需要的各种机械也被陆续制造出来。

约翰·斯密顿在约克夏的自家住宅附近的煤矿看到了纽科门大气式蒸汽机驱动排水泵时,就对这种大型装置产生了极大的兴趣,这也是他后来制作蒸汽机的起因。

在制作蒸汽机时,斯密顿最感棘手的是加工气缸。要想将一个大型的气缸内圆加工成圆形是相当困难的。为此,斯密顿在卡伦铁工厂制作了一台切削气缸内圆用的特殊镗床。这种镗床用水车作为动力驱动,在其长轴的前端安装上刀具，刀具可以在气缸内转动，以此就可以加工内圆了。由于刀具安装在长轴的前端，就会出现轴的挠度等问题，所以要想加工出截面真正是圆形的气缸是十分困难。为此，斯密顿采取多次改变气缸位置的方式进行加工。后来威尔金森改进了这种镗床，使其能准确地加工内圆，通过改进加工精度，斯密顿使纽科门大气式蒸汽机效率提高了一倍以上。

● 世界上第一台真正的镗床诞生了。约翰·威尔金森，英国人，发明家，世界上第一台真正的镗床（即炮筒镗床）的发明者（图4-4）。

1728年，威尔金森出生在美国，在他20岁时，他家迁到斯塔福德郡。威尔金森建造了比尔斯顿的第一座炼铁炉，因此，被人称为"斯塔福德郡的铁匠大师"。1774年，47岁的威尔金森在他父亲的工厂里经过不断努力，终于制造出了能以罕见的精度镗削大炮炮筒的新机器。有意思的是，1808年威尔金森去世以后，他就葬在自己设计的铸铁棺内。

图4-4 约翰·威尔金森

17世纪，由于军事上的需要，大炮制造业的发展十分迅速，如何制造出光滑、内圆完美的大炮炮筒成了人们亟须解决的一大难题。1774年，威尔金森发明出专门镗削炮筒的镗床。

1769年，瓦特取得实用蒸汽机专利后，气缸的加工精度就成了蒸汽机的关键问题。对于解决这个难题，威尔金森于1774年发明的镗床起了很大的作用。其实，确切地说，威尔金森的镗床是一种能够精密地加工大炮的钻孔机，它是一种空心圆筒形镗杆，两端都安装在轴承上，如图4-5所示。用这台炮筒镗床镗出的气缸，满足了瓦特蒸汽机的要求。1775年，世界上第一台真正的镗床诞生了。

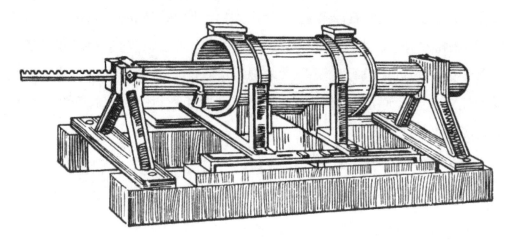

图 4-5　炮筒镗床

威尔金森在 1776 年制造了一台较为精确的水轮驱动的气缸镗床，如图 4-6 所示。这种镗床利用水轮使材料圆筒旋转，并使其对准中心固定的刀具推进，刀具与材料之间有相对运动，可以在材料上镗出精度很高的圆柱形孔洞。镗床的发明促进了蒸汽机的发展。

图 4-6　气缸镗床

但是，威尔金森的这项发明没有申请专利保护，人们纷纷仿造它、安装它。1802 年，瓦特也在书中谈到了威尔金森的这项发明，并在他的索霍铁工厂里进行仿制。后来，瓦特在制造蒸汽机的气缸和活塞时，也应用了威尔金森这架神奇的机器。对活塞来说，可以在外面一边量着尺寸，一边进行切削，但对气缸就不那么简单了，非用镗床不可。当时，瓦特就是利用水轮使金属圆筒旋转，让中心固定的刀具向前推进，用以切削圆筒内部，结果，直径 75 英寸的气缸，误差还不到一个硬币的厚度，这在当时是很先进的了。

● 镗床为瓦特的蒸汽机做出了重要贡献。如果没有蒸汽机的话，当时就不可能出现第一次工业革命的浪潮。而蒸汽机自身的发展和应用，除了必要的社会发展机遇之外，技术上的一些前提条件也是不可忽视的。因为制造蒸汽机的零部件，远不像木匠削木头那么容易，要把金属制成一些特殊形状，而且加工的精度要求又高，没有相应的技术设备是做不到的。

1764 年，格拉斯哥大学收到一台要求修理的纽科门蒸汽机，任务交给了瓦特。瓦特将它修好后，看着它工作那么吃力，就像一个虚弱的老人在喘气，颤颤巍巍地负重行走，觉得实在应该将它改进一下。他注意到纽科门蒸汽机的缸体随着蒸汽每次热了又冷，冷了又热，白白浪费了许多热量。能不能让它一直保持不冷而活塞又照常工作呢？于是他自己出钱租了一个地窖，收集了几台报废的蒸汽机，决心要造出一台新式机器来。

从此，瓦特整日摆弄这些机器，两年后，总算弄出个新样子。可是点火一试，那气缸到处漏气，瓦特想尽办法，用毡子包，用油布裹，几个月过去了，还是治不了这个毛病。瓦特没有放弃，经过不懈地努力，他终于设计了一个和气缸分开的冷凝器，这下热效率提高了 3 倍，用的煤只有原来的 1/4。这关键的地方一突破，瓦特顿时觉得前程光明。他又到大学里向布莱克教授请教了一些理论问题，教授又介绍他认识了发明镗床的威尔金森技师，这位技师立即用镗炮筒的方法制作了气缸和活塞，解决了那个最令人头疼的气缸漏气问题。

1784年，瓦特的蒸汽机已装上曲轴、飞轮，活塞可以靠从两边进来的蒸汽连续推动，再不用人力去调节活塞。

1880年，德国开始生产带前后立柱和工作台的卧式镗床。20世纪初，由于钟表仪器制造业的发展，需要加工孔距误差较小的设备，瑞士出现了坐标镗床。为适应特大、特重工件的加工，20世纪30年代发展了落地镗床。随着铣削工作量的增加，20世纪50年代出现了落地镗铣床。60年代以后，为了提高镗床的定位精度，随着电子技术的发展，坐标镗床开始采用光学读数头或数字显示装置；有些镗床还采用数字控制系统实现坐标定位和加工过程自动化，即数控镗床（如图4-7所示）。

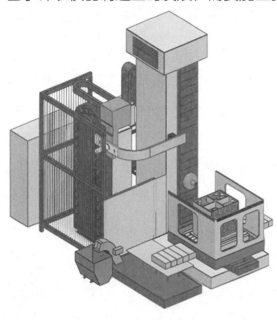

图4-7 数控镗床

丝杆升降机古老的发展故事

在公元前200年前就已经出现丝杆升降机的技术原型了，它就是阿基米德所制造的抽水设备。阿基米德在抽水设备中使用了螺纹，其是根据斜面可围绕圆筒旋转的原理制成的。虽然在古罗马时期丝杆升降机的技术原型已经出现并有了一定的应用，但是出现真正的丝杆升降机是15世纪末。

欧洲文艺复兴时期出现了许多的科学家与改革伟人，其中达·芬奇这位巨匠是将螺旋升降机用于提升重物的历史第一人。他将螺纹蜗轮支撑于轴承之上，并使用转动螺杆轴带动轴承旋转，从而达到推动螺杆升降移动重物的目的。但是在那时许多科学发明都被埋没在历史的长河中，直到

19世纪晚期,螺纹升降机才真正被人们重视并进行了再次开发。

在18世纪末到19世纪的工业革命中,英国的发明家约翰·威尔金森和亨利·莫兹利首次将螺纹应用到了机床上。19世纪早期,机械工程科学家惠特沃斯也认为精密比动力支持在工业行业中更加重要,因此他所研制的一切都以高质量与高精密度占据了主导地位。

你知道吗? 第一次工业革命源于英国霸权面临当时的大陆强国法国的挑战,技术革命率先在这两国出现。而第一次工业革命的关键技术——蒸汽机的改良,就基于当时的军事竞争的需要。詹姆斯·瓦特改良蒸汽机的基础是约翰·威尔金森对大炮镗床的改进。正是威尔金森的努力,才使得瓦特可以确保,直径72英寸的气缸即使在最差的条件下加工,误差也不会超过6便士硬币的厚度(0.05英寸)。如果没有金属工艺的改进和精确气缸的制造,蒸汽机的改良是不可能的。

第 5 章
瓦特和他的蒸汽机

詹姆斯·瓦特（James Watt，1736—1819 年），英国发明家、企业家，第一次工业革命的重要人物，1776 年制造出第一台有实用价值的蒸汽机；以后他又进行了一系列重大改进，使之成为"万能的原动机"并在工业上得到广泛应用。他开辟了人类利用能源的新时代，使人类进入"蒸汽机时代"。后人为了纪念这位伟大的发明家，把功率的单位定为"瓦特"。瓦特改进、发明蒸汽机是对近代科学和生产的巨大贡献，具有划时代的意义。由蒸汽机引起的第一次工业革命，极大地推进了社会生产力的发展。瓦特的创造精神、卓越的才能和不懈的钻研，为后人留下了宝贵的精神和物质财富。

图 5-1　詹姆斯·瓦特

● 詹姆斯·瓦特（图 5-1）。1736 年，瓦特出生在苏格兰格拉斯哥市附近的一个小镇格里诺克，他的父亲是一个经验丰富的木匠，祖父和叔父都是机械工匠。少年时代的瓦特，由于家境贫苦和体弱多病，没有受过完整的正规教育。他曾经就读于格里诺克的文法学校，数学成绩特别优秀，但没有毕业就退学了。在父母的教导下，他一直坚持自学，很早就对物理和数学产生了兴趣。瓦特 6 岁开始学习几何学，到 15 岁时就学完了

《物理学原理》等书籍。他常常自己动手修理和制作起重机、滑车和一些航海器械。

1753年,瓦特到格拉斯哥市当徒工。由于收入过低不能维持生活,第二年他又到伦敦的一家仪表修理厂当徒工。凭借着自己的勤奋好学,他很快学会了制造那些难度较高的仪器。但是繁重的劳动和艰苦的生活损害了他的健康,一年后,他不得不回家休养。一年的学徒生活使他饱尝辛酸,也使他练就了精湛的手艺,培养了他坚韧的性格。

1756年,当他的身体稍有好转,瓦特再次踏上了坎坷的道路,他来到格拉斯哥市。他想当一名修造仪器的工人,但是因为他的手艺还没有出师,当时的行会不允许。幸运的是,瓦特的才能引起了格拉斯哥大学教授布莱克的重视。在他的介绍下,瓦特进入格拉斯哥大学当了修理教学仪器的工人。这所学校拥有当时较为完善的仪器设备,这使瓦特在修理仪器时了解了许多先进的技术,开阔了眼界。那时,他对以蒸汽作动力的机械产生了浓厚的兴趣,开始收集有关资料,还为此学会了意大利文和德文。在大学里,他认识了化学家约瑟夫·布莱克和约翰·鲁滨孙等。瓦特从他们那里学到了很多科学理论知识。

● 瓦特和蒸汽机结下了不解之缘。1764年,一次绝好的机会,为瓦特展现了充满希望的未来。大学的教授让他修理一台比较原始的纽科门式蒸汽机模型,瓦特怎么也不会想到,这份工作将决定他今后的命运。这个看起来像玩具一样的模型,在他手中慢慢变成了一件科学作品,甚至可以说,正因为有这台机器,才使他成长为一名真正的科学家。要想让机器恢复正常运转,就必须分析它的工作原理,搞懂蒸汽动力的特征。瓦特开始研究蒸汽机模型,这款蒸汽机是由英国一位叫纽科门的铁匠发明的,并广泛用于煤矿抽水。但这种简单的机器面对不断增加的积水有些束手无策,会使采矿工人置于危险之中。

瓦特相信他能将机器进行改良,他想为煤矿制造出一种效率更高的蒸汽机，让它能够消耗更少的煤，却有着更卓越的性能。瓦特有种预感，未来一定是属于蒸汽的天下。

在修理的过程中，瓦特对蒸汽机模型每一个步骤的工作细节都进行了研究，终于发现了机器效率如此低下的根本原因。如图 5-2 所示，滚烫的蒸汽是在气缸内部得到冷却的，来自锅炉的大部分宝贵的热量都在冷却的过程中流失了，老式的机器对蒸汽的凝结能力较差，因而每分钟只能完成 6 ~ 8 个循环。瓦特开始思考改进的办法。1765 年 5 月的一个星期天，瓦特在格拉斯哥绿园的草地上散步，瓦特想，既然纽科门蒸汽机的热效率低是蒸汽在缸内冷凝造成的，那么为什么不能让蒸汽在缸外冷凝呢？瓦特产生了采用分离冷凝器的最初设想。瓦特找到了解决方法，如图 5-3 所示，他给机器再增加一个腔室，专门用来冷凝蒸汽，这样活塞筒内部的温度就能够长时间和锅炉的蒸汽温度保持一致了。这一方案造就了一种更高效率的蒸汽机，可以说是一个传奇般的突破。

 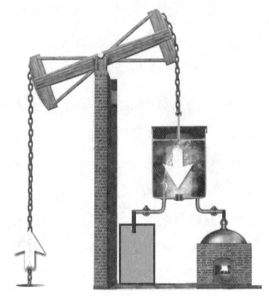

图 5-2　纽科门蒸汽机模型　　　　图 5-3　瓦特蒸汽机分离冷凝器的最初设想

- 瓦特和他的蒸汽机。1765—1790 年，瓦特运用科学理论，针对蒸汽机进行了一系列发明，比如分离式冷凝器、气缸外设置绝热层、用油润滑活塞、行星式齿轮、平行运动连杆机构、离心式调速器、节气阀、压力计等，使蒸汽机的效率提高到纽科门蒸汽机的 3 倍多，最终发明出了现代意义上的蒸汽机。蒸汽机为早期蒸汽机车、汽船和工厂提供动力，因此它成了工业的基础。

一天，瓦特一边喝茶，一边看着那一动一动跳动的壶盖。他看看炉子上的壶，又看看手中的杯子，突然灵感来了，茶水要凉，倒在杯子里；蒸汽要冷，何不也把它从气缸里"倒"出来呢？

在产生这种设想后，瓦特设计了一种带有分离冷凝器的蒸汽机。按照设计，冷凝器与气缸之间通过一个调节阀门连接，使它们既能连通又能分开。这既能把做功后的蒸汽引入气缸外的冷凝器，又可以使气缸内产生同样的真空，避免了气缸在一冷一热过程中消耗热量。

从理论上说，瓦特的这种带有分离式冷凝器的蒸汽机显然优于纽科门蒸汽机，但是，要把理论上的东西变为实际上的东西，把图纸上的蒸汽机变为实实在在的蒸汽机，还要走很长的路。瓦特辛辛苦苦造出了几台蒸汽机，但效果却不如纽科门蒸汽机好，由于四处漏气，无法开动。尽管耗资巨大的试验使瓦特债台高筑，但他没有在困难面前却步，继续进行试验。当布莱克教授知道瓦特的奋斗目标和困难处境时，他把瓦特介绍给了自己一个十分富有的朋友化工技师罗巴克。当时罗巴克是一个十分富有的企业家，他在苏格兰的卡隆开办了第一座规模较大的炼铁厂。虽然当时罗巴克已近 50 岁，但对科学技术的新发明仍然倾注着极大的热情。他对当时只有 30 多岁的瓦特的新装置很是赞许，当即与瓦特签订合同，赞助瓦特进行新式蒸汽机的试制。

从 1766 年开始，在 3 年多的时间里，瓦特克服了材料和工艺等各方面的困难，终于在 1769 年制出了第一台样机，如图 5-4 所示。同年，瓦特因发明冷凝器而获得他在革新纽科门蒸汽机的过程中的第一项专利。第一台带有冷凝器的蒸汽机虽然试制成功了，但它同纽科门蒸汽机相比，除了热效率有显著提高外，在作为动力机来带动其他工作机的性能方面仍未取得实质性进展。就是说，瓦特的这种蒸汽机还是无法作为真正的动力机。

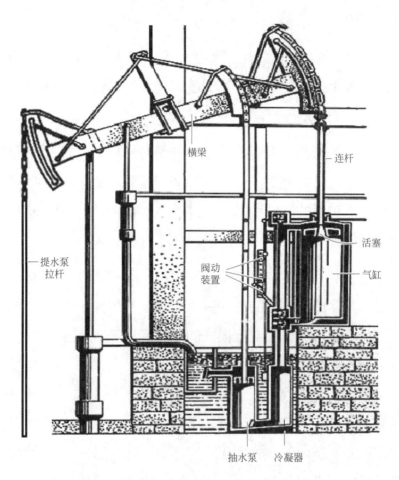

图 5-4　瓦特的蒸汽机

由于瓦特的这种蒸汽机仍不够理想，销路并不广。当瓦特继续进行探索时，罗巴克本人已濒临破产，他又把瓦特介绍给了自己的朋友，工程师兼企业家马修·博尔顿，以便瓦特能得到赞助，继续进行他的研制工作。博尔顿当时已经40多岁了，是位能干的工程师和企业家。他对瓦特的创新精神表示赞赏，并愿意赞助瓦特。博尔顿经常参加社会活动，他是当时伯明翰地区著名的科学社团圆月学社的主要成员之一。参加这个学社的大多是本地的一些科学家、工程师、学者以及科学爱好者。经博尔顿介绍，瓦特也参加了圆月学社。在圆月学社活动期间，由于与化学家普列斯特列等交往，瓦特对当时人们关注的气体化学与热化学有了更多的了解，为他后来参加水的化学成分的争论奠定了基础。更重要的是，圆月学社的活动使瓦特进一步增长了科学见识，活跃了科学思想。

瓦特自从与博尔顿合作之后，在资金、设备、材料等方面得到了大力支持。瓦特又生产了两台带分离式冷凝器的蒸汽机，由于没有显著的改进，这两台蒸汽机并没有得到社会的关注。这两台蒸汽机耗资巨大，使博尔顿也濒临破产，但他仍然给瓦特以慷慨的赞助。在他的支持下，瓦特以百折不挠的毅力继续研究。自1769年试制出带有分离式冷凝器的蒸汽机样机之后，瓦特就看出热效率低已不是他的蒸汽机的主要弊病，而活塞只能做往返的直线运动才是它的根本局限。

1781年，瓦特参加圆月学社的活动时，聚会中会员们提到天文学家赫舍尔发现的天王星以及由此引出的行星绕日的圆周运动启发了他，也或许是钟表中的齿轮的圆周运动启发了他，他想到了把活塞往返的直线运动变为旋转的圆周运动，就可以使动力传给任何工作机。同年，他研制出了一套被称为"太阳和行星"的齿轮联动装置（图5-5），先安装一个固定的齿轮，将泵杆的末端与它相连接，让齿轮跟着传动轴一起旋转，气缸的直线运动由此转换成稳定且有力的圆周运动，从而带动轮子高速运转。

图5-5 行星齿轮装置

终于把活塞往返的直线运动转变为齿轮的旋转运动了。为了使轮轴的转轴增加惯性，从而使圆周运动更加均匀，瓦特还在轮轴上加装了一个飞轮。由于对传统机构的这一重大革新，瓦特的这种蒸汽机才真正成了能带动一切工作机的动力机。1781年底，瓦特以发明带有齿轮和拉杆的机械联动装置获得第二项专利，如图5-6所示。

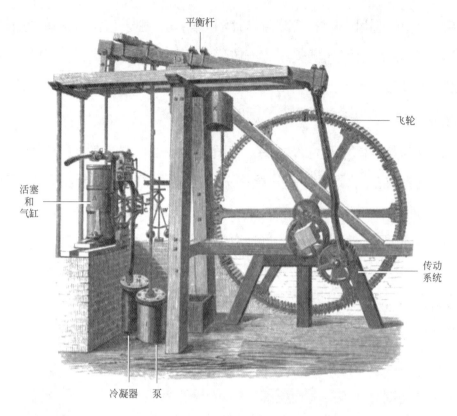

图 5-6　瓦特改良的蒸汽机

由于这种蒸汽机加上了轮轴和飞轮，把活塞的往返直线运动转变为轮轴的旋转运动，多消耗了不少能量，所以蒸汽机的效率不是很高，动力不是很大。为了进一步提高蒸汽机的效率，瓦特在发明齿轮联动装置之后，对气缸本身进行了研究。他发现，他虽然把纽科门蒸汽机的内部冷凝变成了外部冷凝，使蒸汽机的热效率有了显著提高，但他的蒸汽机中蒸汽推动活塞的冲程工艺与纽科门蒸汽机没有什么不同。两者的蒸汽都是单向运动，从一端进入、另一端出来。他想，如果让蒸汽能够从两端进入和排出，就可以让蒸汽既能推动活塞向上运动，又能推动活塞向下运动，那么，它的效率就可以提高一倍。1782 年，瓦特根据这一设想，试制出了一种带有双向装置的新气缸。这种气缸的优点：一是在活塞工作行程的中途，关闭进气阀，使蒸汽膨胀做功以提高热效率；二是蒸汽在活塞两面都做功，以提高输出功率。把原来的单向气缸装置改装成双向气缸，由此瓦特获得了他的第三项专利。瓦特还首次把引入气缸的蒸汽由低压蒸汽变为高压蒸汽。这是瓦特在改进纽科门蒸汽机的过程中的第三次飞跃。通过这三次技术飞跃，纽科门蒸汽机完全演变为了瓦特蒸汽机（图 5-7）。从最初接触蒸汽技术到瓦特蒸汽机研制成功，瓦特走过了二十多年的艰难历程。瓦特虽然多次受挫、屡遭失败，但他仍然坚持不懈、百折不挠，终于完成了对纽科门蒸汽机的三次革新，使蒸汽机得到了更广泛的应用，成为改造世界的动力。

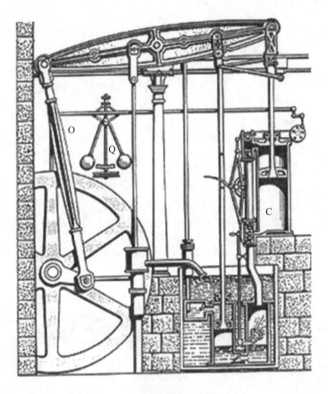

图 5-7　瓦特双向作用蒸汽机

C—气缸；O—连杆；Q—节速器

1784 年，瓦特以带有飞轮、齿轮联动装置和双向装置的高压蒸汽机的综合组装，取得了他在革新纽科门蒸汽机过程中的第四项专利。1788 年，为了控制蒸汽机速度，瓦特发明了离心调速器和节气阀，如图 5-8 所示。1790 年，瓦特发明了示功仪，用以绘制示功图。示功图表示了蒸汽在气缸中的压力变化情况，据此可算出蒸汽机的功率。示功图的发明为热力发动机的研究和发展提供了重要手段。瓦特还于18世纪末将曲柄连杆机构用在蒸汽机上，如图5-9所示。有人说这才是世界上第一台蒸汽机。

瓦特的创造性工作使蒸汽机迅速发展，他使原来只能提水的机械，成了可以普遍应用的蒸汽机，并使蒸汽机的热效率成倍提高，煤耗大大下降。因此瓦特是蒸汽机最主要的发明人。

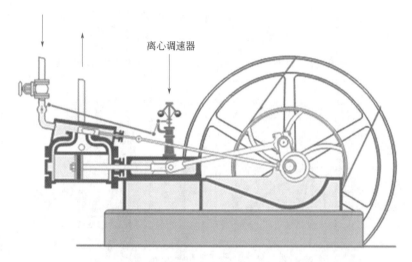

图5-8　为控制蒸汽机速度设计的离心调速器

图5-9　将曲柄连杆机构用在蒸汽机上

- 蒸汽机在工业中的用途。自18世纪晚期起,蒸汽机不仅在采矿业中得到广泛应用,在冶金、纺织、机器制造等行业中也得以迅速推广。它使英国的纺织品产量在二十多年内(从1766年至1789年)增长了5倍,为市场提供了大量消费商品,加速了资金的积累,并对运输业提出了迫切要求。在船舶上采用蒸汽机作为推进动力的实验始于1776年,经过不断改进,至1807年,美国的富尔顿制成了第一艘实用的明轮推进的蒸汽机船"克莱蒙脱"号,此后,蒸汽机在船舶上作为推进动力历百余年之久。1801年,英国的特里维西克提出了可移动的蒸汽机的概念。1803年,这种利用轨道的可移动蒸汽机首先在煤矿区出现,这就是机车的雏形。英国的斯蒂芬森将机车不断改进,于1829年创造了"火箭"号蒸汽机车,该机车拖带一节载有30位乘客的车厢,速度达46千米/时,引起了各国的重视,从此开创了铁路时代,如图5-10和图5-11所示。

图5-10 最早的蒸汽机车

图 5-11 蒸汽机在世博会亮相

19 世纪末，随着电力应用的兴起，蒸汽机曾一度作为电站中的主要动力机械。1900 年，美国纽约曾有单机功率达 5 兆瓦的蒸汽机电站。

蒸汽机的发展在 20 世纪初达到了顶峰。它具有恒转矩、可变速、可逆转、运行可靠、制造和维修方便等优点，因此曾被广泛用于电站、工厂、机车和船舶等各个领域中，成了当时唯一的原动机。

蒸汽的启迪

趣闻轶事 如同其他著名的科学家发明家一样，瓦特也有一些有趣的故事，虽然可能有夸张或杜撰，但也家喻户晓。

在瓦特的故乡格林诺克的小镇上，家家户户都是生火烧水做饭。对这种司空见惯的事，有谁留过心呢？瓦特就留了心。有一天，他在厨房里看祖母做饭，灶上坐着一壶开水，开水在沸腾，壶盖"啪啪啪"地作响，不停地往上跳动。瓦特观察好半天（图 5-12），感到很奇怪，猜不透这是什么缘故，就问祖母说："什么东西使壶盖跳动呢？"祖母回答说："水开了就这样！"瓦特没有满足，又追问："为什么水开了壶盖就跳动？是什么东西推动它吗？"可能是祖母太忙了，没有工夫回答他，便不耐烦地说："不知道，小孩子刨根问底地问这些有什么意思呢。"

图 5-12　蒸汽的启迪

　　瓦特在他祖母那里不但没有找到答案，反而受到了批评，心里很不舒服，可他并不灰心。连续几天，每当烧水时，他就蹲在火炉旁边细心地观察着。起初壶盖很安稳，隔了一会儿，水要开了，发出"哗哗"的响声。突然壶里的水蒸气冒出来，推动壶盖跳动了。蒸汽不住地往上冒，壶盖也不停地跳动着，好像里边藏着个魔术师在变戏法似的。瓦特高兴极了，几乎叫出声来，他把壶盖揭开盖上，盖上又揭开，反复验证。他还把杯子、调羹遮在水蒸气喷出的地方。瓦特终于弄清楚了，是水蒸气推动壶盖跳动，这水蒸气的力量还真不小呢。就在瓦特兴高采烈、欣喜若狂的时候，祖母又开腔了："你这孩子，不知好歹，水壶有什么好玩的，快给我走开！"

　　年迈的祖母根本想不到就是这平常的水蒸气会给瓦特带来多么大的启示！水蒸气推动壶盖跳动的物理现象，不正是瓦特发明蒸汽机的认识源泉吗？

詹姆斯·瓦特是英国著名的发明家，是工业革命时期的重要人物。1776年，他制造出第一台有实用价值的蒸汽机，这也标志着工业革命的开端，后人为了纪念他，将功率的单位称为瓦特，常用符号"W"表示。

瓦特并不是蒸汽机的发明者，在他之前，早就出现了纽科门蒸汽机，但它的耗煤量大、效率低。瓦特运用科学理论，逐渐发现了这种蒸汽机的缺点所在。从1765年到1790年，他进行了一系列发明，比如分离式冷凝器、气缸外设置绝热层、用油润滑活塞、行星式齿轮、平行运动连杆机构、离心式调速器、节气阀、压力计等，使蒸汽机的效率得到了显著提高，最终发明出了实用的蒸汽机。

第 6 章
蒸汽机船"克莱蒙脱"号的诞生

蒸汽机船（图6-1）是用蒸汽机作动力的机械推进船舶。蒸汽机的出现使船舶动力发生了革命性变化，从而完成了船舶动力的革命。船舶的推动力从人力、自然力转变为机械力，船舶用蒸汽机提供的巨大动力，使人类有可能建造越来越大的船，运载更多的货物。

图6-1 蒸汽机船

世界上第一艘以蒸汽机作动力的轮船，是由美国发明家罗伯特·富尔顿（图6-2）制造的，其长21.35米，1803年在法国的塞纳河试航成功，但当晚为暴风雨所毁。后来他得到瓦特的支持，于1805年3月获得了新的更大的船用蒸汽机主体。两年后，富尔顿在美国制造了明轮推进的蒸汽机船"克莱蒙脱"号，长45米，并于1807年8月18日在纽约州的哈得逊河上进行了历史性的航行。

● 富尔顿发明萌芽。罗伯特.富尔顿1765年出生于美国的宾夕法尼亚州的兰卡斯特，父亲是一个贫苦的农民。他从小读书很少，父母没有钱供他去学校学习，他后来取得的成就全凭个人的奋斗。富尔顿从小就爱幻想，他帮助大人干完农活之后，常常一个人坐在农家阁楼上，从带有木格条的小窗户中向田野望去，看蔚蓝色的天空，苦思冥想，一坐就是几个钟头。

图6-2　罗伯特·富尔顿

有一天，天气晴朗，河水清澈。小富尔顿和邻居大叔一起驾着小船到河的上游去找活干。他们开始悠闲地撑着篙，逆流而上。小富尔顿离开自己的村庄到外地去，心情格外高兴，情不自禁地唱着美国乡村的民谣。河水的"哗哗"声和小富尔顿悠扬、婉转的歌声交织在一起，令人心醉。早晨的太阳愈升愈高，阳光洒在水波中，像碎银洒在绿色的缎带上。突然，水流湍急，小船在河中打转，富尔顿和邻居大叔拼命地撑篙，汗水湿透了他们的衣服，但船仅能艰难地移动。小富尔顿心里想：撑篙太费力了，假如有一种东西能让船自动行走，该多么好啊！他想象的翅膀在河中飞翔，他好像看见在河中出现了一只自动行驶的船。他的神思又回到现实中来，对邻居大叔说："大叔，撑篙又费劲，又缓慢，如果有一种东西能让船自动行走，该多么好啊！"

邻居大叔正用力撑着篙，听了小富尔顿的话，情不自禁地笑了。他用手背擦擦自己脸上的汗水，笑着说："假如有一种东西能让船自动行走，那这种东西是什么呢？""是啊，这东西是什么呢？"小富尔顿的脸刹那间红了起来，他用劲撑了一下篙，低下了头，又陷入了沉思。自此以后，怎样使船自动行走就成了小富尔顿苦思冥想的中心问题。在他长大以后，努力奋斗，终于成为制造人类第一只蒸汽机轮船——"克莱蒙脱"号的著名科学家。富尔顿发明的轮船是第一次工业革命的重要发明之一。

● 富尔顿求学之路。富尔顿幼年丧父，9岁时才上学，在校学习时间不长，功课学得也不好。但是，他心灵手巧，从小爱好美术和手工。少年时代，他就爱思考各种问题。据说他15岁时，曾在一条小船上装了一个手摇桨叶，用手摇动，靠桨叶转动打水就能推动船只前进，这充分地显示了他的创造才能。富尔顿还从一位制枪匠那里学到了制造气枪的技术和各种枪支的试验方法。17岁时，他到费城学绘画，并在一家机器制造工厂里做机械制图工作。

1787年，也就是富尔顿22岁那年，他前往英国伦敦学习绘画，正赶上瓦特50岁大寿，瓦特请他去画一张肖像，这样，他就结识了蒸汽机发明家瓦特和其他几位机械发明家。瓦特对他有很大的启发，他了解了蒸汽机的原理和作用，对机械技术产生了兴趣，他改变了自己的想法，不想当画家了，决心要当一名工程师。在那段时间里，他边工作边自学，勤奋地学习了高等数学、化学、物理学和机械制图，还学习了法文、德文和意大利文。

● 蒸汽轮船"克莱蒙脱"号的诞生。1803年的一天，富尔顿在巴黎的塞纳河上初次试验了他的蒸汽船。这艘船其貌不扬，船上的主要部位安放着一台烧煤的大蒸汽锅炉，看上去十分笨重。人们对这个丑八怪简直不屑一顾，称之为"富尔顿的蠢物"。这"蠢物"也真令人泄气，在塞纳河上吐气冒烟地走走停停，走了不多远干脆不动了。于是，第一次试航就在人们的哄笑声中结束了。

可富尔顿没有泄气，他像许多父母钟爱自己的子女一样热爱这初生的轮船，他有信心把这个"蠢物"改造成一个人见人喜的"宠物"。

1807年，富尔顿终于在美国纽约建成了另一艘蒸汽船"克莱蒙脱"号（图6-3）。这艘船长45米、宽4米，是个比塞纳河中的船更神气挺拔的"大家伙"。然而，由于过去试验多次失败，人们不相信这个庞然大物会成功地航行，嘲笑地称它为"富尔顿的蠢物"。

图6-3 "克莱蒙脱"号

这天，天气晴朗，万里无云。纽约市的哈德逊河两岸挤满了人，原来，这天是"克莱蒙脱"号的试航日。在众目睽睽之下，"克莱蒙脱"号的大烟囱冒出了滚滚黑烟，蒸汽机轰响起来，两舷的船桨在机器带动下开始划水，船慢慢离开了码头，向前驶去。这时，船上的40名乘客和岸上的人群都欢呼起来，在船尾亲自操纵机器的富尔顿更是热泪盈眶，激动万分。不料，刚开出不久，"克莱蒙脱"号不动了。人们骚动起来，有人嚷道："富尔顿，你的那个蠢物真蠢啊！"可这只是一个小小的机械故障，富尔顿修理后马上排除了故障。在人们的嘲笑声中，机器声又响起来了，一位贵妇人惊叫起来："天哪，那蠢物又动了！"是的，"克莱蒙脱"号正以9公里每小时的速度破浪前进，机器的轰鸣声和飞溅的浪花向人们证实：富尔顿成功了！从此，富尔顿的名字传遍了美国和欧洲，他被誉为"轮船之父"。美国人还把他的故乡——宾夕法尼亚州的兰卡斯特县命名为"富尔顿县"，用以纪念他对人类做出的杰出贡献。

"克莱蒙脱"号的成功,是富尔顿认真研究、反复试验、不屈不挠、艰苦探索的结果。在造船期间,富尔顿每天早晨 5 时就到工地,整天和木工、油工、水手们在一起工作。试航获得成功,富尔顿胜利了。从此,"克莱蒙脱"号成为哈德逊河的定期航轮。"克莱蒙脱"号在行进中相当稳定,而且速度也比较快,它从纽约沿哈德逊河逆流而上,到达上游的阿尔巴尼城,共 150 英里,只用了 32 小时。

● 蒸汽轮船"克莱蒙脱"号是一艘明轮船。明轮船是指在船的两侧装有轮子,且轮子的一部分露在水面上的船。明轮船一般有两种推进方式,一种是以人力踩踏木轮推进;另一种是以蒸汽机和螺旋桨推进,其原理是利用蒸汽机带动明轮,使桨轮转动,桨轮上叶片拨水,推动船舶前进。后来,人们把这种以蒸汽机、带动明轮来推进的船舶称为轮船。

美国的"克莱蒙脱"号明轮船是世界上最早出现的蒸汽机船。明轮推进器要比篙、桨、橹等推进工具先进,其主要特点是可以连续运转,把人力或机械力转化为船舶推进力,使船舶前进。

19 世纪,西方国家广泛使用蒸汽机推进的明轮船(图 6-4)。

图 6-4　明轮船

明轮船结构笨重、效率低，特别是遇到风浪时，由于明轮叶片部分或全部露出水面，船舶不能稳定航行；而且，明轮的叶片使用时易损坏；明轮转动时有一半叶片在空中转动，不仅增加了船的宽度和航行时的阻力，而且当它在码头上停靠时，与两旁的轮船很容易发生碰撞，既影响自己的安全行驶，也存在着擦伤别的轮船的可能性；另外，如果水草一类的缠绕物绞住明轮的叶片或轴，明轮就有失去转动的可能。

正是因为明轮推进器的这些缺点，到了19世纪60年代，明轮船被装着螺旋桨的先进蒸汽机船取代。

人们说，没有当初的"克莱蒙脱"号，哪有后来的泰坦尼克号呢？

拿破仑拒绝用蒸汽船

趣闻轶事　　1803年，年轻的美国发明家富尔顿在塞纳河上建造了第一艘以蒸汽机为动力的明轮船。同年8月，当他获悉拿破仑要越过英吉利海峡对英作战时，兴致勃勃地前来推销自己的新产品蒸汽动力船。若不是他在滔滔不绝中失口说错了一句话，拿破仑说不定会采纳他的建议。如果真是这样，拿破仑的后半生及法国的历史可能都要重写。

当时，拿破仑的海军已堪称庞大，只是舰船大都是木质结构的，航行基本上靠风帆。而他的对手英国人，却早已用上了蒸汽驱动船，这使拿破仑与英军统帅纳尔逊对阵时，常常感到英雄气短。拿破仑已经听说富尔顿的蒸汽船在塞纳河上演示时出了洋相，但这种全新动力的海上装置还是让他很感兴趣。

富尔顿滔滔不绝地说："一台20马力的蒸汽机可以抵得上20面鼓满的风帆，陛下的舰队再也不必待在港口里等待好天气出航，到时，不要说是纳尔逊，就是兔子，也跑不过陛下，等您旗开得胜的时候，您就是这个世界上最高大的人了。"

富尔顿一不留神说走了嘴，触到了拿破仑最忌讳的身材高矮的问题。

刚才还在认真倾听的拿破仑顿时沉了脸，他截住富尔顿的话头说："你只说船快，却只字不提铁板、蒸汽机和煤的重量，我不说你是个骗子，你也是个十足的傻瓜！"

也许，拿破仑拒绝富尔顿的理由有很多，但这个理由却是最体现他性格特征的一个。

1812年，英国人购买了富尔顿的轮船专利，后来，船侧轮桨逐渐被更先进的船尾螺旋桨取代，英国的海上霸权得到了巩固，而法国则被远远地甩到了后面。

你知道中国的第一艘蒸汽机轮船是谁设计的吗？

"黄鹄"号蒸汽轮船（图6-5）是中国自己设计建造的第一艘蒸汽机明轮船，造价白银八千两。在安庆内军械所由徐寿、华蘅芳设计建造，1865年建成，曾国藩赐名"黄鹄"，长约18米，自重25吨，排水量45吨，木质外壳，主机为斜卧式双联蒸汽机，每小时可行约12.8公里。

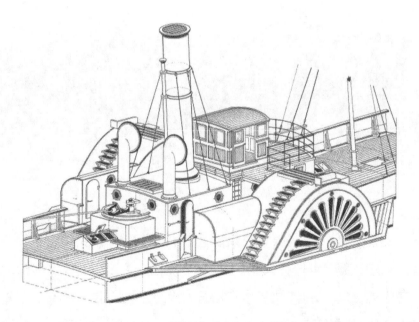

图6-5 "黄鹄"号蒸汽轮船结构图

第 7 章
蒸汽机车之父——斯蒂芬森

蒸汽机车（图7-1）的发明开启过人类历史上一个崭新的时代。蒸汽机是靠蒸汽的膨胀作用来做功的，蒸汽机车的工作原理也不例外。当司炉把煤填入炉膛时，煤在燃烧过程中，蕴藏的化学能就转换成热能，把机车锅炉中的水加热、汽化，形成过热蒸汽，再进入蒸汽机膨胀做功，推动活塞往复运动，活塞通过连杆、摇杆，将往复直线运动变为圆周运动，带动机车动轮旋转，从而牵引列车前进。从这个工作过程可以看出，蒸汽机车必须具备锅炉、汽机和走行三个基本部分。

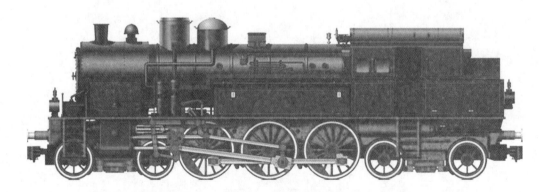

图7-1　蒸汽机车

锅炉是燃料（一般是煤）燃烧将水加热使之蒸发为蒸汽，并贮存蒸汽的设备。它由火箱、锅胴和烟箱组成。火箱位于锅炉的后部，是煤燃烧的地方，在内外火箱之间容纳着水和高压蒸气。锅炉的中间部分是锅胴，内部横装大大小小的烟管，烟管外面贮存锅水。这样，烟管既能排出火箱内的燃气,又能增加加热面积。燃气在烟管通过时,将热传给锅水或蒸气,提高了锅炉的蒸发效率。锅炉的前部是烟箱,它利用通风装置将燃气排出,并使空气由炉床下部进入火箱,达到诱导通风的目的。锅炉还安装有气表、水表、安全阀、注水器等附属装置。

蒸气机是将蒸气的热能转变为机械能的设备。它由气室、气缸、传动机构和配气机构组成。气室与气缸是两个相叠的圆筒,在机车的前端两侧各有一组。上部的气室与下部的气缸组合,通过进气、排气推动活塞往复运动。配气机构是使气阀按一定的规律进气和排气。传动机构则是通过活塞杆、十字头、摇杆、连杆等,把活塞的往复运动变成动轮的圆周运动。

蒸汽机车的走行部分包括轮对、轴箱和弹簧装置等部件。轮对分导轮、动轮、从轮三种。安装在机车前转向架上的小轮对叫导轮对,机车前进时,它在前面引导,使机车顺利通过曲线。机车中部能产生牵引力的大轮对叫动轮。机车后转向架上的小轮对叫从轮,除了担负一部分重量外,当机车倒行时还能起导轮作用。

无论是最早的蒸汽火车,还是近代的蒸汽机车,外观和功用与如今的各种火车相差不多,蒸汽机车是世界上第一代火车,是以煤为原料,蒸汽机为核心的最初级最古老的火车。在人们的心目中,气势磅礴的蒸汽机车具有一种特殊的意味,因为它曾开启过人类历史上一个崭新的时代。

● 从蒸汽机到火车头。当一列列火车风驰电掣般地从我们面前闪过,迅速地从视野中消失驶向远方时,我们禁不住会发出由衷的赞叹,发明火车的人真伟大,为后人留下这种既快捷又方便舒适的交通工具。1801 年,英国的理查德·特里维西克提出了可移动的蒸汽机的概念。1803 年,这种利用轨道的可移动蒸汽机首先在煤矿区出现,这就是机车的雏形。英国的斯蒂芬森将机车不断改进,于 1829 年创造了"火箭"号蒸汽机车,该机车拖带一节载有 30 位乘客的车厢,速度达 46 千米/时,引起了各国的重视,开创了铁路时代。

欧洲工业革命以机器大工业代替了作坊手工业。机器大工业需要大量的燃料、原料，也要把生产出的产品送往各地。而在19世纪以前，运输依靠水上船舶，陆地上只能依赖马车。机器大工业呼唤着现代运输工具的诞生。从蒸汽机到火车头，人类经历了大约两个世纪的艰难摸索。

● 行驶在道路上的蒸汽机车。瓦特发明蒸汽机以后，英国率先在工厂、矿山、船舶等领域推广了蒸汽机的运用，但是，蒸汽机应用在行走的车辆上还是费了不少周折。1770年，古诺先生为陆军炮兵设计制作了一台蒸汽机车，如图7-2所示，机车前面悬挂一个大铁罐（锅炉），两大一小三只轮子托起车架，架子上有司机座位，用以操作方向。这辆机车每小时只能跑4千米，比步行还要慢。

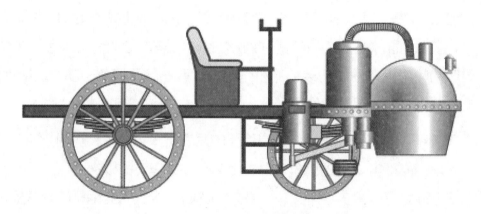

图7-2 行驶在道路上的蒸汽机车

● "新城堡"号蒸汽机车。英国矿山技师理查德·特里维西克经过多年的探索、研究，终于在1804年发明制造了一台单一气缸和一个大飞轮的蒸汽机车，称"新城堡"号蒸汽机车，如图7-3所示。1804年，它首次在南威尔士的麦瑟尔提德维尔到阿巴台之间的轨道上试运行。虽然这台自重5吨的机车以8千米每小时的速度行驶，只能牵引十几吨重的货物，但它却是在轨道上行驶得最早的蒸汽机车，也是未来火车的雏形。

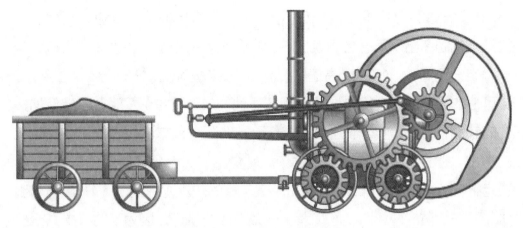

图 7-3 "新城堡"号蒸汽机车

● 蒸汽机车之父——斯蒂芬森。乔治·斯蒂芬森（图 7-4）1781 年出生于诺森伯兰地区的华勒姆村，英国工程师，第一次工业革命期间发明火车机车，被誉为"铁路机车之父"。

斯蒂芬森的父亲是煤矿上的蒸汽机司炉工，母亲没有工作。一家 8 口全靠父亲的工资收入生活，日子过得很艰难。14 岁那年，斯蒂芬森也来到煤矿，当上了一名见习司炉工。他很喜欢这个工作，别人下班了，他却还在认真地擦洗机器，清洁零部件。多次的拆拆装装，使他掌握了机器的结构。他渴望掌握更多的知识，辛勤工作一天后，就去夜校上课。他从没上过学，开始学习时困难重重，但他聪明好学、勤奋钻研，很快掌握了机械、制图等方面的知识。一次，他把书本上学到的知识运用到工作的实际中，设计了一台机器。煤矿上的总工程师看到他设计的机器草图大加赞赏，这给了斯蒂芬森很大的鼓励。从此他学习、工作更加努力和勤奋了，不久便成了一名熟练的机械修理工。

图 7-4 乔治·斯蒂芬森

● "布鲁克"号机车。1804年，英国矿山技师特拉维西克利用瓦特的蒸汽机制造出了第一台蒸汽机车。由于没有驾驶室，司机需在火车头旁一边走一边驾驶。它的最高速度只有8千米每小时，机车还经常出毛病，更可怕的是它有时会出轨，甚至翻车。他们放弃了这个发明。总结他们失败的教训，1810年斯蒂芬森开始着手制造蒸汽机车。他改进了产生蒸汽的锅炉，把立式锅炉改成卧式锅炉，并做出了一个极有远见的重大决断，决定把蒸汽机车放在轨道上行驶，在车轮的边上加了轮缘，防止火车出轨，又在承重的两条路轨间加装了一条有齿的轨道。因为当时考虑蒸汽机车在轨道上行驶，虽可避免在一般道路上因自身太重而难以行走的缺点，但在轨道上也会产生车轮打滑的问题，所以，在机车上装上棘轮，让它在有齿的第三轨道上滚动而带动机车向前行驶，从而避免车轮打滑。

1814年，斯蒂芬森的蒸汽机车（火车头）问世了。他发明的这个火车头有5吨重，车头上有一个巨大的飞轮。这个飞轮可以利用惯性帮助机车运动，斯蒂芬森为他发明的蒸汽机车取了个名字叫"布鲁克"。1814年7月25日，斯蒂芬森自己动手制作的第一台机车开始运行，这台机车有两个气缸、一个2.5米长的锅炉，有凸缘防止打滑的车轮，它可以拉着8节矿车，载重30吨，以每小时6.4千米的速度前进。

"布鲁克"号机车在斯蒂芬森家门口的煤矿轨道上行驶，如图7-5所示。司机是斯蒂芬森的弟弟詹姆斯，给蒸汽机车的锅炉生火的是詹姆斯的妻子。第一次运行时，煤矿上居民看到蒸汽机车行驶起来时，烟囱直往外喷火，就给它取了一个名字叫"火车"。"火车"这个名字在今天已经传遍全世界，而蒸汽机车被叫作"火车头"，也一直沿用到今天。

在以后的10年中，斯蒂芬森造了12辆与"布鲁克"号相似的火车头。虽然在设计上没有突破前人的成就，但斯蒂芬森还是自信地预言："我深信一条使用我的蒸汽火车头的铁路，运输效果比运河好很多。我敢打赌，我的蒸汽机车在一条长长的良好铁路上，每天可以运载着40～60吨货物行驶100千米路程。"

图 7-5 "布鲁克"号机车

- "旅行者号"蒸汽机车。"布鲁克"号蒸汽机车工作时会从烟囱里冒出火来,它一次只能拖 30 吨货物,速度不快。车身震动剧烈,轰鸣声还会让牲畜受惊,废气熏得车内和路旁的树木黑不溜秋。因此,斯蒂芬森继续改进,终于制造出了一辆更先进的蒸汽机车,他将它命名为"旅行者号",如图 7-6 所示。1825 年 9 月 27 日,英国的斯托克顿附近挤满了 4 万余名观众,铜管乐队也整齐地站在铁轨边,人们翘首以待,望着那蜿蜒远去的铁路。忽然人们听到一声激昂的汽笛声,一台机车喷云吐雾地疾驶而来,机车后面拖着 12 节煤车,另外还有 20 节车厢,车厢里还坐着约 450 名旅客。这列火车由斯蒂芬森亲自驾驶。火车驶近时,大地在微微颤动,观众惊呆了,简直不敢相信自己的眼睛,不相信眼前的这铁家伙竟有这么大的力气。火车缓缓地停稳后,人群中爆发出雷鸣般的欢呼声,铜管乐队奏出激昂的乐曲,七门礼炮同时发射。这列火车以每小时 24 千米的速度,从达灵顿驶到了斯托克顿,铁路运输事业从这天开始。

- "火箭号"蒸汽机车。1829 年斯蒂芬森制造了蒸汽机车"火箭号",如图 7-7 所示,"火箭号"蒸汽机车横卧在钢轨上,一大一小两对车轮托起一个啤酒桶模样的锅炉，细小的气缸倾斜着装在锅炉的两侧，用连杆将气缸的动力传导到两侧的大车轮上，冒着黑烟的烟筒高得出奇，锅炉后面是一个装着煤炭和一个大水桶的煤水车，锅炉上密布复杂连杆。

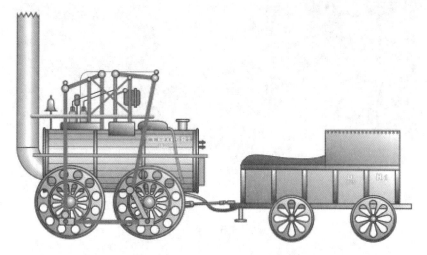

图 7-6 "旅行者号"蒸汽机车

图 7-7 "火箭号"蒸汽机车

斯蒂芬森驾驶"火箭号"机车，速度达每小时 58 公里。将与他比赛的马车远远甩在身后，使得铁路运输取代了马力运输。

此时，火车的优越性已充分体现出来了，它速度快、平稳、舒适、安全可靠。随即在英国和美国掀起了一个修建铁路、制造机车的热潮。仅 1832 年这一年，美国就修建了 17 条铁路。蒸汽机车也在这段时间有了很大的改进，从最初斯蒂芬森建造的两对轮子的机车，一直发展到 5 对、6 对轮子。而斯蒂芬森继续作为这个革命性运输工具的发明者和倡导者，不仅解决了火车铁路建筑设计、桥梁设计、机车和车辆制造的许多问题，他还在国内外许多铁路工程中担任顾问。就这样，火车在世界各地很快发展起来了。直到今天，火车仍然是世界上重要的运输工具，在国民经济中发挥着巨大的作用。

尽管掌握蒸汽机技术的国家并非只有英国，1851 年伦敦世博会上英国展出的蒸汽机车，还是令其他参展国惊讶不已，庞大而刚劲的蒸汽机车作为英国人最值得骄傲的技术成就，吹响了工业化的号角。

趣闻轶事

1781 年，火车先驱乔治·斯蒂芬森出生在英国一个矿工家庭。直到 18 岁，他还是一个目不识丁的文盲。他不顾别人的嘲笑，和七八岁的孩子一起坐在课堂里学习。1810 年，他开始制造蒸汽机车，并坚信蒸汽机车具有光明的前景。1817 年，斯蒂芬森决定在他主持修建的从利物浦到曼彻斯特的铁路线上完全用蒸汽机车承担运输任务。但是，保守的铁路拥有者却对蒸汽机车的能力表示怀疑。他们提出，在铁路边上建设固定的牵引机，用拖缆来牵引火车。斯蒂芬森为了让人们充分相信火车的性能，制造出了性能良好的"火箭号"机车。这种机车的卓越表现终于让怀疑者改变了态度，利物浦—曼彻斯特铁路因此成为世界上第一条完全靠蒸汽机运输的铁路线。

你知道吗？

中国高速列车"复兴号"

如果把 1825 年英国第一条铁路的出现算作铁路时代开始的话，那么中国高铁快速发展的 10 多年，改变了中国铁路发展史上近 200 年落后的局面，中国高铁最终站上了世界之巅，"复兴号"高速列车走上了世界高铁的巅峰。

第 8 章
现代车床的发明人——亨利·莫兹利

普通车床是人类由手工业时代进入机械时代所生产出来的第一类车床,也被称为卧式车床,普通车床作为车床中的第一发展阶段,是车床的典型代表。

- 车床。车床是人类发明的专门用于加工圆形工件与产品的机械,是一类主要用车刀对旋转的工件进行车削加工的机床。在车床上还可以用钻头、扩孔钻、铰刀、丝锥、板牙和滚花工具等进行相应零件的加工。车床有很多种类,如卧式车床及落地车床、立式车床、转塔车床、单轴自动车床、多轴自动和半自动车床、仿形车床及多刀车床、专门化车床等。在所有的车床中,以卧式车床应用最为广泛。

- 卧式车床的基本结构。普通卧式车床在机械制造类工厂中使用极为广泛。普通卧式车床主要由床身、主轴箱、进给箱、溜板箱、刀架部件、光杆、丝杠和尾座等组成,如图 8-1 所示。

- 卧式车床工作原理。普通车床的电动机将动力传给主轴箱,经主轴箱中的齿轮变速(主轴前端装有卡盘,用以夹持工件),由电动机经变速机构把动力传给主轴,使主轴带动工件按规定的转速做旋转运动,为切削提供主运动。同时,溜板箱把进给箱传来的运动传递给刀架,使刀架实现纵向进给、横向进给、快速移动进给,为切削提供进给运动。进给箱内装有进给运动的变换机构，用于改变运动的进给量或改变被加工螺纹的导程。

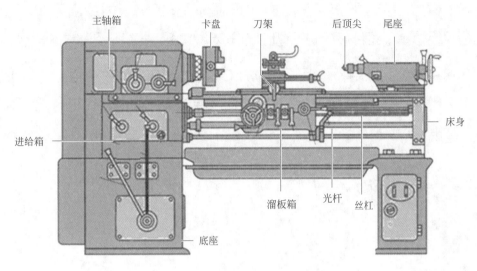

图 8-1　卧式车床的基本结构

● 卧式车床主要加工的工件。如图 8-2 所示，车床主要用于加工轴、盘、套等具有回转表面的工件。

图 8-2　卧式车床主要加工的工件

● 最早的车床。早在古埃及时代，就已出现简单的车削技术。起初，人们是用两根立木作为支架，架起要车削的木材，利用树枝的弹力把绳索卷到木材上，拉动绳子转动木材，用刀具车削。后来又发展出弓车床，也就是用绳弓牵引工件旋转进行切削的车床。如图8-3所示为树木车床。

● 中世纪欧洲用脚踏板驱动的加工木棒的车床。到了中世纪，有人设计出了用脚踏板旋转曲轴并带动飞轮，再传动到主轴使其旋转的"脚踏车床"，如图8-4所示。

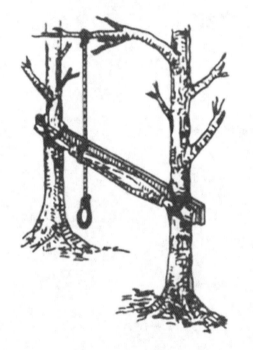
图8-3　树木车床

图8-4　脚踏车床

时间到了18世纪，又有人设计了一种用脚踏板和连杆旋转曲轴，就可以把转动动能贮存在飞轮上的车床，并从直接旋转工件发展到了旋转床头箱，床头箱是一个用于夹持工件的卡盘。

到19世纪，车床结构更加完善，现代意义上的车床开始出现。车床的发明，使人类加工生产某些产品的能力大增，促进了社会经济与社会文明的发展。在发明车床的故事中，最引人注目的是一个名叫亨利·莫兹利的英国人（图 8-5）。

- 现代车床的发明人——亨利·莫兹利。从 18 世纪中叶到 19 世纪中叶，英国机械工业得到了突飞猛进的发展。怀特·鲍尔发明的滚筒使纺织机械实现了从手动向机械运动的转变，以此为开端，机械加工中手工被各种机床取代。工业、农业等行业的发展离不开机器。要制造机器，车床发挥着中流砥柱的作用，也可以说车床是"机器之母"。由此可见，从对整个工业的发展所起的作用和产生的影响来说，车床的发明几乎可以和蒸汽机的发明相提并论。

图 8-5　亨利·莫兹利

一提到蒸汽机，人们马上想到了瓦特。其实最先发明蒸汽机的并不是瓦特，但由于瓦特对蒸汽机进行了根本性的改进，蒸汽机才真正发挥了其应有的作用。同样，一说到车床，人们也马上想到了亨利·莫兹利。其实最先发明车床的人也不是莫兹利，但在他对车床进行了创造性的改进之后，车床才算真正诞生。因此，人们称莫兹利为"车床之父"是完全正确的。

18 世纪的英国机械工业的改进和发明接连不断，日新月异，甚至给社会的结构也带来了影响，这就是世界历史上众所周知的英国的工业革命。

- 亨利·莫兹利。1771 年 8 月 22 日，亨利·莫兹利出生于英国沃尔里奇一个军人家庭。莫兹利小时候没有受过正规教育，12 岁时，他在制造兵器的工厂劳动了两年左右，大约 14 岁时，又到一个细工木匠那里去当学徒工。莫兹利对机械始终很感兴趣，但是一直没有机会直接摆弄机械。15 岁时，他在家附近的一个铁匠铺当了一名徒工，加工铁制品。由于他勤奋好学，不仅在较短的时间里学到了一手加工金属的好手艺，而且还掌握了作为机械工人的基本技术。

● 莫兹利从艺布拉马。18世纪后，由于人们的生活不断地改善，很多人都有了过去只有上层社会人物方能持有的钟表等物品。所以当时在欧洲各地出现了很多锁匠、钟表匠，而且这些人都是优秀的机械工人，对推动机械技术的发展起了极其重要的作用。当时英国有一名安全锁制造业者约瑟夫·布拉马，他就是机械制造技术的权威人士，他的工厂是每一个想成为一名优秀机械技师的人所向往的地方。

当时在英国有一种习惯，当学徒必须连续工作7年方能满徒。莫兹利18岁的时候，他7年学徒期还没有满期，那时正逢布拉马想雇一名帮手，莫兹利很想进入布拉马的工厂学习，提高自己的技术。布拉马的要求很高，经人引荐，布拉马对莫兹利进行了严格考试。莫兹利对于自己的技术很有把握，布拉马看到莫兹利出色地完成了自己提出的各种技术考核项目，决定录用他。莫兹利作为技术高超的机械工被录取了，他如愿以偿地成了布拉马的弟子。由于布拉马技术超群，要求严格，并言传身教，使莫兹利很快就成为了一名优秀的技师。

● 莫兹利第一项发明——进给箱。加工金属需要车床，在莫兹利出生之前就已有了车床，只是还不够完善。莫兹利是依据这个原理发明进给箱的：当人们吃苹果、梨等水果的时候，首先要削皮，一只手转动苹果，另一只手将水果刀插进果皮里面，一圈一圈慢慢转，皮就均匀地削下来了，一个苹果可以削出一整条长皮。

在今天，车床带有进给箱是理所当然的事情，然而，在很早以前车床上是没有这种进给箱的。锁匠和钟表匠为制作小型机械零件，就需要自己组装小型车床，用这种车床进行加工。那时的车床只能用于加工木料。木匠用双脚踩动踏板，使车床转动，手执削刀接触木棒，木屑便被削掉。这样车得的木棒比较光滑。后来，也有人对车床进行过某些改进，但改进后的车床仍然是靠木工手执刀具凭直觉和经验切削木棒。这样削出来的零件很不精密。莫兹利在布拉马那里工作了8年，因为他喜欢机械，工作中又勤奋好学，很快各种技术都达到了较高的水平。他被誉为布拉马工厂里最有才能的机械工，不久就当了总工长。莫兹利的技术在这里迅速地得到了提高，不仅如此，他还对机械技术的新事物具有十分正确、敏锐的眼光。另外，就机械技术的发展动向而言，他也具有准确的判断力。

在制锁时，莫兹利就注意到这样的问题，如果再采用手工制锁方式的话，其产量就满足不了需要。同时，他也考虑到必须借助机械，才能进行大批量生产。因此，他认为需要改进过去已有的机床。

按照这一设想，莫兹利开始了对车床的研制。首先，他碰到的第一个问题是机器启动后，由于转速高、力量大而导致床身易动。于是他就用铸铁制造床身，床身易动的问题便解决了。接着，他在床身上装上滑动刀架，使它与一根粗大的丝杠啮合，这样，滑座便可以左右移动，滑动刀架上也可固定切削刀具。刀架还安了个手柄，摇动它可使刀具前后移动，这样，加工时可控制切削深度。于是，这个刀架便能解决前后左右的矛盾，没有死角，达到了灵活自如的程度。在这台改进后的车床上，可以加工出规定要求的任何尺寸的部件。1794年，他制作了刀具的自动进给装置——进给箱。

● 莫兹利对车床做了进一步改进。莫兹利于1797年制成第一台螺纹切削车床，它带有丝杠和光杠，采用滑动刀架——莫氏刀架和导轨，可车削不同螺距的螺纹。

由于莫兹利对车床做了进一步改进，这种机床通过上述发明的进给箱和安装在车床上的丝杠相啮合而自动进给，与过去的螺纹加工机床相比，可以加工出十分精确的螺纹。用几个齿轮把主轴与丝杠连接起来，机器启动后，齿轮的转动带动了丝杠转动，只更换大小不同的齿轮，便可改变丝杠的转速，这样就能自动加工出不同螺距的螺纹，如图8-6所示。

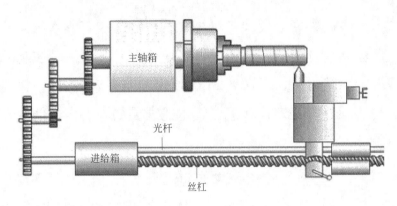

图 8-6　车床丝杠螺旋传动

● 更加完善的车床。莫兹利又不断地对车床加以改进。他在 1800 年制造的车床，用坚实的铸铁床身代替了三角铁棒机架，用惰轮配合交换齿轮对，代替了更换不同螺距的丝杠来车削不同螺距的螺纹（图 8-7）。这是现代车床的原型，对英国工业革命具有重要意义。他采用手工铲点子的刮削法制成标准平板，用来检验平面的精度。曾制成精度达 0.0001 英寸的千分尺。他还研究白布印花法、制币法、炮身镗削、青铜铸造设备和水压机等，改进了瓦特蒸汽机，采用十字头直接驱动曲柄。莫兹利于 1815 年制成了第一台紧凑的台式发动机，这是船用发动机制造业的始端。

图 8-7　更加完善的车床

1794 年，莫兹利发明了刀架。刀架是机床的核心，后来相继出现的刨床、钻床、镗床等各种机床，都离不开刀架。所以，人们称莫兹利为"车床之父"。

1797 年，他制成了第一台螺纹车床，这是一台全金属的车床，有能够沿着两根平行导轨移动的刀具座和尾座。导轨的导向面是三角形的，在主轴旋转时带动丝杠使刀具架横向移动。这是近代车床所具有的主要机构，用这种车床可以车制任意节距的精密金属螺钉。

我们不应该忘记，莫兹利在提高机床精度方面所做出的巨大贡献，正是他制造出了机械化加工工件的真正的车床。

● 车床的发展。自从车床诞生以来，车床的发展历程经过了普通车床、数控车床等发展阶段，在这个过程中，车床为机械生产发挥了极大的作用。车床技术依旧在不断发展中，在未来的发展道路上，把握发展机遇，就能够实现车床技术的不断进步。

18 世纪末，现代车床的雏形在英国问世，见图 8-8。

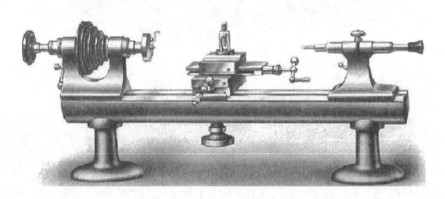

图 8-8　现代车床的雏形

19 世纪中叶，通用机床零部件已大体齐备，见图 8-9。

19 世纪末，自动化机床，大型机床出现。

近代，生产模式变化，社会需求日益增长。20 世纪中叶，机械制造进入了大批量生产模式时代，见图 8-10。

图 8-9　19 世纪中叶的车床

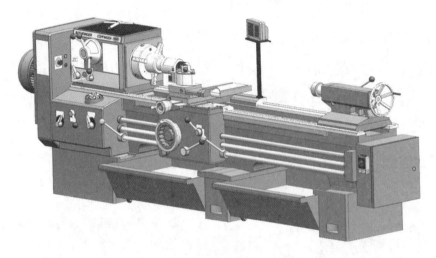

图 8-10　20 世纪中叶的车床

　　随着数字技术的发展和应用,数控车床随之诞生,这是机械加工业的又一次飞跃式的发展。数控车床可以简单地理解为运用数字技术控制车床的工作流程,从而生产出人们所需要的零件。数控车床的特点是较高的精确度、较高的生产效率以及自动化。相对于普通车床来说,数控车床在外观和内部结构以及操作方式、工作原理等方面都发生了很大的变化。

　　计算机发明(科学技术发展史上划时代的大事)后,计算机控制系统和伺服电机被引入到传统机器中来,车床的组成、面貌和功能也发生了革命性的变化,见图 8-11。

图 8-11　数控车床

经过 200 多年的风风雨雨，机床家族已日渐成熟，真正成了机械领域的"工作母机"。

世界上越来越多的复杂零件采用复合机床进行综合加工，多工位复合加工机床（图 8-12）已成为机床发展的一个重要方向。

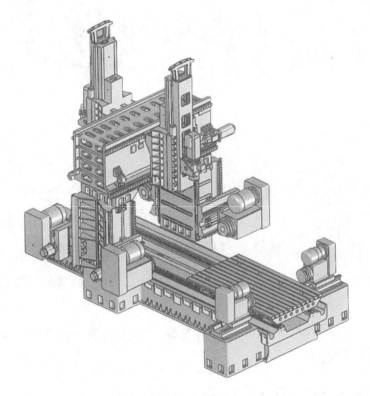

图 8-12　多工位复合加工机床

中国古人的智慧

明朝出版了一本奇书叫《天工开物》，记载了明朝中期以前的各项技术。这本书里记载了磨床的结构，其中利用了类似欧洲中世纪脚踏机床的原理，用脚踏的方法使金属盘旋转，配合沙子和水来加工玉石（图8-13）。

图8-13 《天工开物》中的磨床结构

磨削是人类自古以来就知道的一种古老技术，旧石器时代，磨制石器用的就是这种技术。以后，随着金属器具的使用，研磨技术逐渐发展。虽然设计出名副其实的磨削机械是近代的事情，但是即使在19世纪初期，人们依然是通过旋转天然磨石，让它接触加工物体进行磨削加工的。

 你知道中国制造的第一台车床吗？

1949年，沈阳第一机器厂（沈阳第一机床厂前身）生产出中国第一台车床——六尺皮带车床。

第 9 章 惠特尼与他的发明

伊莱·惠特尼，他是活跃于美国 18 世纪末至 19 世纪初的一位发明家、机械工程师和机械制造商，他发明了轧棉机和铣床，并提出了可互换零件的概念，为人类工业的发展做出了重要贡献。1900 年，惠特尼的名字和事迹被收入美国名人纪念馆。他的成就，将永远为后人所铭记。

● 伊莱·惠特尼。伊莱·惠特尼（图 9-1）1765 年出生于马萨诸塞殖民地韦斯特伯拉夫一个殷实的中产阶级家庭。他从小心灵手巧，表现出非凡的思考和行为能力，对数学和机械尤其感兴趣，他喜欢在父亲农场的工厂摆弄车床和各种工具。他 12 岁时制作了一把小提琴，每一个部件同普通小提琴一模一样，演奏的乐曲也令人满意。然而，富裕的家庭并没能使伊莱·惠特尼享有安逸优渥的童年生活，因为他出生在美国历史动荡、彷徨的时代，成长于"因国家独立而引发许多问题的世界"。18 世纪中叶的革命风云打乱了他的生活。

年仅 14 岁的伊莱·惠特尼从美国革命中看到了他生平第一个机会。

图 9-1　伊莱·惠特尼

当他获悉战争使钉子价格大幅度上升时，向父亲提议在工场内安装一台锻炉加工钉子，得到父亲的同意后，惠特尼兴致勃勃地动手干起来。他的业务如此成功，还专门雇了两个帮手。后来由于英国产品倾销美国市场，钉子生产不再有利可图，惠特尼转产女帽饰针和男用手杖，但很快就放弃了。生活使他深切感受到农场主的困境，感觉到父亲的农场不适合他未来的发展。

1783年秋，惠特尼决心离开农场继续学业。父亲因经济拮据，无法为他提供大学教育所需的昂贵学费，他便自筹学费。他根据广告信息成功应聘附近一所学校的教师职位，并在以后的3年里半工半读，用所得的薪水在莱斯特学院夏季班进修。惠特尼的决心和毅力感动了父亲。1789年3月，父亲亲自驱车送他赴耶鲁大学深造。1792年，惠特尼顺利完成学业。

● 惠特尼发明了轧棉机。棉花可以制成各种织物，如衣物、毯子、布料等，棉织物穿着舒适，吸湿、脱湿快速，又结实耐磨，可在高温下熨烫，好处多多。而轧棉机的诞生，无疑加快了棉纺织产业发展的步伐，并推动了欧洲和世界纺织工业革命性的发展。

1792年伊莱·惠特尼从耶鲁大学毕业后，债台高筑，对于自己的经济状况忧心忡忡，希望通过工作改善现状。然而，求职路并不顺利，屡屡受挫，好不容易找到了一份在南卡罗来纳州做助教的工作，惠特尼赶忙收拾行李前去任职。

谁曾料想，正是这份工作，让他研制出来轧棉机。在惠特尼去做助教的途中，路过佐治亚州的萨凡纳附近的一个棉花种植园，当看到这片衰落的种植园，他想起自己的怀才不遇，驻足感慨之时，遇到了种植园主人——凯瑟琳·格林。在格林的种植园里，惠特尼发现，当地所种植的棉花因含有大量棉花籽而极难清理，采摘的棉花投入生产处理以前，必须由人工摘除棉花中的棉花籽，这个过程耗时耗力。

时值工业革命，大西洋两岸有着巨大的棉花市场，而南方多数地方的棉花剥籽效率低下，惠特尼敏锐地察觉到，如果能找到一种既经济又方便的去籽方法，不仅可以解决格林夫人的困扰，还能开辟出南方这片不容小觑的新市场。

早期作坊中的劳动经历让惠特尼热衷于机械研究，惠特尼开始想办法来解决这个问题。1793 年，惠特尼设计制造出了轧棉机，如图 9-2 所示，它由连接到曲柄上的一组组轮轴组成，每个轮子带有金属钩子，类似于圆锯片，随着轮轴的转动，金属钩钩住了棉花，把棉花拖进一个有细密缝道的筛子，筛子中的刷子周期性刮动棉花，把干净的棉花和棉花籽分离开来。

图 9-2　惠特尼发明的轧棉机原型

使用这种机器，一个奴隶一天能轧约 50 磅棉花，而以前手工剥棉花籽，只能剥 1 磅棉花，效率提高了大约 50 倍（图 9-3），极大地提升了棉花这一农作物的价值，南方的棉花种植园摆脱了落后面貌，开始全速发展。轧棉机无疑是继塔尔发明采播机以后农业生产方面最大的发明之一。

图 9-3　人们使用轧棉机

虽然惠特尼取得了轧棉机的专利，但时效只有三年。而且，南方许多州也不承认专利法。于是，各地很快出现了轧棉机的仿制品，因此，轧棉机并没有给惠特尼本人带来多少收益，但对美国经济的影响难以估量。轧棉机发明一年后，美国的棉花产量就从 550 万磅增加到了 800 万磅，1800 年增加到了 3500 万磅，1820 年增加到了 16000 万磅。到惠特尼去世的 1825 年，棉花产量为 22500 万磅。美国南方开始向新英格兰快速增长的纺织业供应棉花，这大大推动了美国的工业革命。

- 提出了可互换零件的概念。1797 年，由于惠特尼的轧棉机专利被模仿，他自己的装运轧棉机的船只遇暴风雨而沉没，工厂遭火灾，车床、工作台、工具、设计图纸和造好的轧棉机全被烧毁。1797 年 10 月，惠特尼在给米勒的信中写道："灾难接二连三。为了事业能继续坚持下去，需要百倍的努力。尽管我竭尽全力，但情况还是很糟。"

而这时，美国也面临同法国交战的威胁，政府急需四万支滑膛枪，国内的兵工厂无法满足需求。联邦政府决定向私人公司求助。1798 年 5 月，国会通过决议，拨款 80 万美元用于购买大炮和轻武器。

惠特尼签署了一项与美国政府的订单，承诺在两年之内生产出 10000～15000 支火枪。政府的订单十分诱人，按照协议，生产商在接下订单后，就会即刻获得 5000 美元。

合同签订后，惠特尼在康涅狄格州纽黑文郊外建了一座工厂。他亲自设计厂房、招募工人。在工厂里，他将枪支分解成若干部分，用专门设计的模子和机器加工制作同样的部件，再让工人将各部件组装成枪。在生产过程中，惠特尼设计过一些机器，还制造了模子和夹具。他设计夹具使生产的部件之间的误差非常小，以致每一支枪的主要零件都适用于其他任何滑膛枪。两年合同期限很快就到了，但惠特尼一支完整的枪还没造出来。而他的订单资格却没有被取消。

1801 年 1 月，惠特尼来到华盛顿向联邦政府解释"标准化"生产方式原理。他带去了十支枪，在总统约翰·亚当斯和当选总统托马斯·杰斐逊及一些官员面前，惠特尼将这些枪拆散，再将拆下来的部件堆放在一起。然后，他蒙上眼睛，从一大堆部件中随机抓取，重新组装成十支枪（图 9-4）。表演令在场的人惊讶不已，因为按传统方式生产的枪，每支枪之间都存在一定差异，部件不能混用。

图 9-4　惠特尼制造的火枪

托马斯·杰斐逊总统马上就认识到惠特尼的发明对于工业发展的意义。在他看来，惠特尼发明的不仅是机器，而且是新方法所采用的工序。只有机器，以它们不变的形状和规格切割，才能生产可替换部件。这一生产原理能大大降低成本，并对修理具有重要意义。

1801年9月，惠特尼才将购枪合同规定的第一批500支枪交货，但质量之好远超过人们的想象。直到1809年1月，惠特尼才最终完成了全部合同定额。尽管比合同期限晚了9年，但他的滑膛枪受到广泛好评，以至此后的15年内，陆军军械部的所有合约，都指定要惠特尼生产的轻武器。

1800年以前，枪支完全由人手工制造，每个制枪匠人做出来的枪都是独一无二的。惠特尼想到了一个零件可以任意替换的、标准化的生产体系。在他的设想里，所有的零件都从一个模子里刻出来，一旦某个部件出现差错，就可以用同一个模子里生产出来的其他部件顶替。这个模式如今看来再理所当然不过，但在惠特尼之前，没有人付诸生产实践。

惠特尼创造的这一套生产方式，起初并没有引起欧洲人的重视。直到1850年以后，英国人才发现，利用惠特尼的生产体系，美国人制枪的速度已经超过了他们。这种危机感在进入20世纪后显得更加强烈。1913年，亨利·福特发明了流水线生产，造车速度的加快让美国人从马车上一跃到了汽车上。它同样建立在惠特尼提出的标准化、可替换零件的生产模式的基础之上。

到今天，小到手上的一支钢笔、一部手机，大到汽车、飞机的制造都运用着惠特尼所提出的标准化、可互换零件的模式。只要人们愿意，他们甚至可以用这种模式建造出房子。

● 惠特尼发明了铣床。铣床是一种用途广泛的机床，是一种带有形状各异铣刀的机器，在铣床上可以加工平面、沟槽、分齿零件、螺旋形表面及各种曲面（图9-5）。此外，还可以加工回转体表面、内孔，以及进行切断工作等。铣床在工作时，工件装在工作台上或分度头等附件上，铣刀旋转为主运动，辅以工作台或铣头的进给运动，工件即可获得所需的加工表面。由于是多刃断续切削，因而铣床的生产率较高。简单来说，铣床是对工件进行铣削、钻削和镗孔加工的机床。

图 9-5 铣床加工的零件

19 世纪，英国人为了蒸汽机等工业革命的需要发明了镗床、刨床，而美国人为了生产大量的武器，则致力于铣床的发明。

早在 1664 年，英国科学家胡克就依靠旋转圆形刀具制造出了一种用于切削的机器，这可以算是原始的铣床了，但那时社会对此没有做出热情的反响。19 世纪 40 年代，普拉特设计了所谓的林肯铣床。

铣床的发明也是惠特尼成就中不得不提的一项成果。1798 年，惠特尼为缓解经济压力，接受美国政府的委托制造滑膛枪，并在纽黑文附近开办兵工厂。在其后的十余年间，惠特尼和几位同行一直埋首于改进枪支生产的研究。1818 年，人类历史上第一台卧式铣床（图 9-6）在这间小小的工厂内诞生了，这意味着美国军火制造业实现了又一个飞跃。

图 9-6 卧式铣床

铣床沉默一段时间后，又在美国活跃起来。相比之下，惠特尼和普拉特还只能说是为铣床的发明应用做了奠基性的工作，真正发明能适用于工厂各种操作的铣床的功绩应该归属于美国工程师约瑟夫·布朗。

1862 年，美国的约瑟夫·布朗制造出了世界上最早的万能铣床（图 9-7），这种铣床具有万有分度盘和综合铣刀，是划时代的创举。万能铣床的工作台能在水平方向旋转一定的角度，并带有立铣头等附件。他设计的万能铣床在 1867 年巴黎博览会上展出时，获得了极大的成功。同时，布朗还设计了一种经过研磨也不会变形的成形铣刀，接着还制造了磨铣刀的研磨机，使铣床达到了现在这样的水平。

1950 年以后，铣床在控制系统方面发展很快，数字控制的应用大大提高了铣床的自动化程度。尤其是 20 世纪 70 年代以后，微处理机的数字控制系统和自动换刀系统在铣床上得到应用，扩大了铣床的加工范围，提高了加工精度与效率。图 9-8 所示为数控立式铣床。

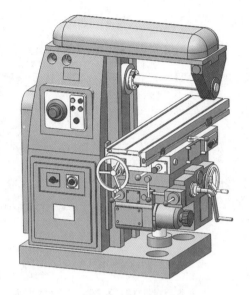

图 9-7 万能铣床

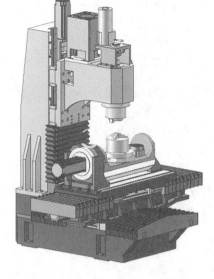

图 9-8 数控立式铣床

趣闻轶事

惠特尼对美国的专利系统充满信心。1793 年 10 月，在完善轧棉机设计后，他立即向国务卿汤姆斯·杰斐逊递交了新发明的专利申请文件。杰斐逊在 11 月 16 日回复："唯一不合法律要求的是没有提交一个模型，一旦收到模型，您的专利就马上核发。"1794 年 2 月，惠特尼完成了自己满意的模型机，3 月带到费城杰斐逊办公室演示，并且在 1794 年 3 月获得专利授权。

不幸的是，他的发明很快被广泛仿制。到 1794 年专利授权时，惠特尼的专利机器已经传遍南方。可是，惠特尼个人却没有从自己的专利上获得商业成功。惠特尼建立了自己的企业生产轧棉机，同时派他的合作伙伴米勒到南方收取组装和使用轧棉机的专利许可费。惠特尼的轧棉机结构简单，易于仿制，所以自己生产的机器反倒销售不畅。不久后惠特尼的工厂又经历了一场火灾，1797 年就倒闭歇业了。

此时，惠特尼的唯一盈利来源就只有专利费了。他找到使用他的专利制造轧棉机的南方种植园主，要求南方种植园主将销售额的三分之一作为专利许可费，棉花种植园主认为费用太高，不愿支付，并纷纷攻击他牟取暴利，是流氓无赖。惠特尼到南方法院诉讼，南方法院却偏袒南方种植园主，在法律程序上不断拖延，不愿意很快做出裁定。拖到1810年，惠特尼的专利到期，他根据法律申请专利有效期续期，但在农场主的整体反对下，他的专利续期申请被无情地拒绝了。南方种植园主兴高采烈，他们从此可以合法地免费使用惠特尼的专利了。

美国的法院系统忽视了惠特尼10年，让惠特尼非常伤心。1803年在给朋友的一份信中，惠特尼写道："我面对着一群堕落的恶棍，和他们混战。"最后他收到了9万美元的专利许可费，支付完10年的律师费后，只剩下几千美元。

你知道吗？

你知道世界第一台数控机床是哪年诞生的吗？

数控机床的方案，是美国的约翰·帕森斯在研制飞机螺旋桨剖面轮廓的板叶加工机时向美国空军提出的。在麻省理工学院的协助下，终于在1949年取得了成功。1951年，他们正式制成了第一台电子管数控机床样机。世界上第一台数控机床诞生了。

第 10 章
优秀的机械技师——惠特沃斯

机床是制造机器的机器,亦称工作母机或工具机,习惯上简称机床。机床的种类很多,我们常见的金属切削机床(图 10-1),是用切削的方法将金属毛坯加工成零件的机器。

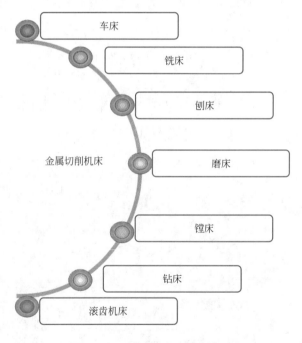

图 10-1 常见的金属切削机床

● 中国古代钻床。"弓镟铲"钻孔技术有着久远的历史。考古学家现已发现,公元前 4000 年,人类就发明了打孔用的装置。古人在两根立柱上架个横梁,再从横梁上向下悬挂一个能够旋转的锥子,然后用弓弦缠绕带动锥子旋转,这样就能在木头石块上打孔了。不久,人们还设计出了称为"辘轳"的打孔用具,它也是利用有弹性的弓弦,使锥子旋转(图10-2)。

图10-2 打孔图

打钻是用一个管状磨具,在玉器上钻出圆圈状的沟槽。钻到一定的深度,把中心的圆柱打掉,即可掏膛儿,如图10-3所示。图中还有个细节,即在横杆上挂了一个重物,以增加向下的压力,提高工作效率。

图10-3 打钻图

● 机床的发展。18世纪的工业革命推动了机床的发展。1774年，英国人威尔金森发明了较精密的炮筒镗床。1797年，英国人莫兹利发明的车床由丝杠带动刀架，能实现机动进给，车削螺纹，这是机床结构的一次重大变革。19世纪，由于纺织、动力、交通运输机械和军火生产的推动，各种类型的机床相继出现。1817年英国人罗伯茨创制龙门刨床，1818年美国人惠特尼制成卧式铣床，1876年美国制造出万能外圆磨床，19世纪最优秀的机械技师惠特沃斯于1834年制成了测长机，1835年惠特沃斯获得蜗轮滚齿机专利，1862年惠特沃斯发明了钻床。

● 19世纪最优秀的机械技师约瑟夫·惠特沃斯。随着纺织机械的改进，英国的机械工业真正地进入了正轨。约瑟夫·惠特沃斯就是在这样的时期出生的。

1803年，约瑟夫·惠特沃斯（图10-4）出生于斯托科波特（距曼彻斯特东南20公里的一个小城镇），父亲是一名教师。14岁时，惠特沃斯进了叔父的棉纺织工厂，当了一名徒工，受到了制作机床的基本训练。惠特沃斯在这家工厂大约工作了四年，然而他并不满足一辈子当一名普通的机械工，立志要自己制作机床。所以，他先后在曼彻斯特、伦敦等地的机床工厂工作，学习了有关制作机床的各种技术。22岁时，他决定去伦敦进莫兹利的工厂。在莫兹利的工厂里，惠特沃斯学到了制作机床的各种技术。后来他又转到莫兹利徒弟克莱梅特的工厂工作，还是为了学习机械技术。

图10-4 约瑟夫·惠特沃斯

● 惠特沃斯研制平板。我们把精心加工的非常平的平面板称作平板。提出参照这种标准平板加工精密平面方法的就是惠特沃斯。

惠特沃斯热衷于研究精密加工方法并不断地进行改进,他设计了各种工具和测量机。在莫兹利工厂时,他就研究出了加工精密平面的方法。经过长期的探索,他决定制作极其精密的平面板,以此作标准平面,参照这种标准平面就可以制作精密的平面了。

这种标准平面板,需要同时制作三块,并互相研合,用钢制的刮刀小心地刮研凸出的部分,最后制成非常准确的平面。制作三块平面板的理由是,如果只是两块,很可能会出现一凸一凹的现象。但是,加上第三块的话,如果前两块能和第三块研合,那么,这三块板的面就都是平面了。将这样制作出来的标准平面板放在工人身边的工作台上,随时可以用它来检查自己加工的平面,这就提高了平面的加工精度。这种标准平面板也被叫作平台,今天仍然在机床工厂广泛使用。

● 惠特沃斯发明测长机。惠特沃斯在曼彻斯特建立了自己的工厂,开始生产各种机床,并向很多的机床生产业者出售机床。为了加工出精度合格的产品,必须准确地测量工件的长度。1834 年,惠特沃斯制成了可以准确测量长度的测长机(图 10-5),该测长机可以测量出万分之一英寸的长度误差。这种测长机原理与千分尺相同,转动分度板,用出入螺钉夹住工件,使用游标卡尺读出分度板上的刻度(图 10-6)。这种准确测量长度的方法,即使现在也广泛应用着。

● 惠特沃斯发明了滚齿机。1835 年,惠特沃斯发明了机械传动式滚齿机,并获得蜗轮滚齿机专利。而后的几十年中,传动系统的设计和制造水平不断地改进提高。1858 年,席勒取得圆柱齿轮滚齿机专利;1897 年,德国普福特制成带差动机构的滚齿机,才圆满解决了加工斜齿轮问题。

图 10-5　测长机

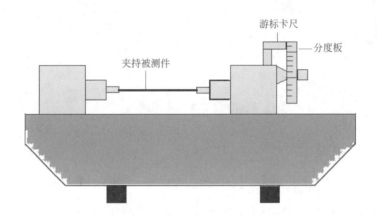

图 10-6　测长机的测量方法

- 惠特沃斯设计了测量圆筒的内圆和外圆的塞规和环规。当时测量内外圆直径一般是使用卡钳，要读出准确的读数需要相当熟练的技术。惠特沃斯发明的这种塞规任何人都能使用，只要将这种塞规插到加工完毕的孔中，就可以简单而准确地测出内外圆直径，精确到万分之一英寸，如图 10-7 所示。

- 惠特沃斯统一了螺纹标准。惠特沃斯生产机床时，正是英国工业革命的黄金时代。在资本主义制度的自由经济条件下，惠特沃斯的工厂逐渐发展起来，在各地陆续建立机床制造工厂，并按各自的方法生产机床。因此，即使是相同种类的部件、具有相同螺纹的零件，因制造工厂不同尺寸也不同，完全没有统一的规格。

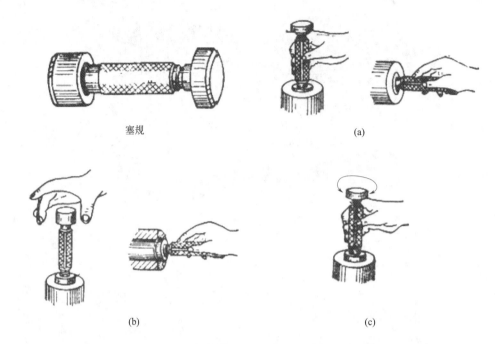

图 10-7 塞规及其使用

螺纹件是机械不可缺少的重要零件之一。螺纹使用的地方也较多，所以，各地的工厂大批量地制造螺纹件。但是，加工出来的螺纹尺寸、形状因工厂不同而不同。

随着机械工业的迅速发展，如果再像过去那样各自随心所欲地制作螺纹的话，就不能满足要求了。1841 年，约瑟夫·惠特沃斯成功找到解决方案。经过多年研究并收集许多英国工厂的样本螺丝，他建议为英国的螺纹尺寸制定一个标准，以便英格兰厂家生产的螺栓和格拉斯哥厂家生产的螺母可以配在一起使用。他的提议是，螺纹面的角度以 55°为标准，每英寸的螺纹扣数应该根据不同的直径来界定。

这一标准于 1841 年刊登在英国土木学会杂志上。他建议全部的机床生产业者都采用统一尺寸的标准螺纹。英国的工业标准协会接受了这一建议，从那以后直到今日，这种螺纹作为标准螺纹被各国所使用。

- **万国博览会上的明星。** 惠特沃斯在他的一生中，把全部精力都放在研制、生产、销售机床上，他的工厂生产了各种机床。1851 年，在伦敦召开了第一届万国博览会。英国的机械技师展出了通过自己出色的劳动而制作出来的机床展品。就是在这次展览会上，惠特沃斯大出风头，他展出了车床、牛头刨床、插床、钻床、压印机、剪切机、螺纹切削车床、切齿机、螺母制造机等 23 种机床展品，使人们大吃一惊。1862 年，在伦敦举办的第二届工业博览会上，惠特沃斯工厂的机床又大大地出了一把风头。当时一共有六十多家机床生产厂家参加了这次博览会，而在这次博览会上，仅惠特沃斯一家就占了四分之一的机床展出面积。

惠特沃斯发明了第一台钻床。1850 年前后，德国人马蒂格诺尼最早制成了用于金属打孔的麻花钻；1862 年，在英国伦敦召开的国际博览会上，惠特沃斯展出了由动力驱动的铸铁框架的钻床，这便成了近代钻床的雏形。

1887 年 1 月 22 日，惠特沃斯在蒙特卡罗去世，终年八十四岁。作为 19 世纪最优秀的机械技师，人们高度地评价了惠特沃斯的光辉业绩。

- **钻床。** 钻床（图 10-8）指主要用钻头在工件上加工孔的机床。通常钻头旋转为主运动，钻头轴向移动为进给运动。钻床结构简单，加工精度相对较低，可钻通孔、盲孔，可扩、锪孔，铰孔或进行攻螺纹等加工。加工过程中工件不动，让刀具移动，将刀具中心对正孔中心，并使刀具转动（主运动）。钻床的特点是工件固定不动，刀具做旋转运动。

由于工具材料和钻头的改进，加上采用了电动机，许多大型的高性能的钻床也制造出来了，如摇臂钻床（图 10-9）、备有自动进刀机构的钻床、能一次同时打多个孔的多轴钻床等。

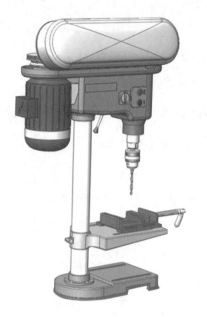

图 10-8　普通立式钻床

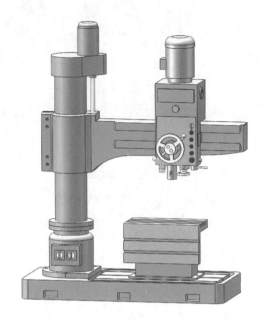

图 10-9　摇臂钻床

如图 10-10 所示的双头钻床，可同时加工两个端面，一次最多可同时钻 24 个孔，$\phi14 \sim 23$mm 的孔径都可以。

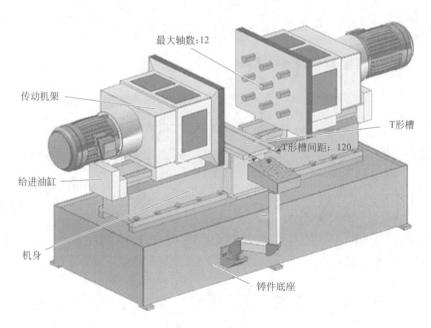

图 10-10　双头钻床

- 滚齿机（图 10-11）。滚齿机是齿轮加工机床中应用最广泛的一种机床，在滚齿机上可切削直齿、斜齿圆柱齿轮，还可加工蜗轮、链轮等。用滚刀按展成法加工直齿、斜齿和人字齿圆柱齿轮以及蜗轮。这种机床使用特制的滚刀时也能加工花键和链轮等各种特殊齿形的工件。滚齿机广泛应用于汽车、拖拉机、机床、工程机械、矿山机械、冶金机械、石油、仪表、航天等各种机械制造业。

- 牛头刨床（图 10-12）。牛头刨床是一种做直线往复运动的刨床，滑枕带着刨刀，因滑枕前端的刀架形似牛头而得名。中小型牛头刨床的主运动大多采用曲柄摇杆机构传动，故滑枕的移动速度是不均匀的。牛头刨床主要用于单件小批量生产中刨削中小型工件平面、成形面和沟槽。

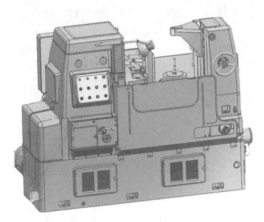

图 10-11　滚齿机

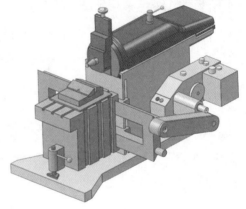

图 10-12　牛头刨床

你知道什么是工匠精神吗？

工匠精神是一种职业精神，它是职业道德、职业能力、职业品质的体现，是从业者的一种职业价值取向和行为表现。工匠精神的基本内涵包括敬业、精益、专注、创新等方面的内容。

第 11 章
机械计算机的诞生

现今世界已进入到计算机时代，电子计算机更新换代日新月异，各类电子计算机从台式机到笔记本到掌上电脑目不暇接。但是，那些未曾见过的机械计算机，它们是工业革命的产物，与古老的算盘相比已跨出了很大的一步，比计算尺也有了革命性的改进！科技无止境，有质的改变才能有量的飞跃，这是科技步步循进中的规律。

法国的科学家布莱斯·帕斯卡（图 11-1）发明了人类第一台机械计算机。它的出现告诉人们用纯机械装置可代替人的思维和记忆，是人类历史上不朽的珍品。

图 11-1 布莱斯·帕斯卡

● 充满幻想、富有才气的布莱斯·帕斯卡。1623 年 6 月 19 日，位于法国中部的克莱蒙菲朗的一个贵族家庭中，伴随着"哇"的一声啼哭，一个小精灵降临人世。自小帕斯卡降生，家里增添了无限生机和欢乐。帕斯卡生下时十分瘦弱，为使他健康成长，父母操尽了心。

帕斯卡的父亲是当地一位颇有声望的法学家和税务统计师，在数学上也颇有造诣,供职于诺曼底地方税务署。他酷爱数学,深深地体会到数学是一门探索性很强的学科。他担心孩子学数学会劳神伤身,出于对儿子溺爱,他决心不让帕斯卡涉足数学。当然,父亲的顾虑是多余的。

小帕斯卡天赋很高,他虽体弱多病,但清秀的眉宇间却透露出一股灵气。他勤奋好学,兴趣广泛,平时很少外出玩耍,整天如饥似渴地看书学习,做札记。他七八岁就学完了差不多相当于小学的全部课程。他充满幻想,富有才气,尽管父亲把全部数学书籍都藏起来了,只让他看语文书和儿童诗歌,连学校开设的数学课也不让他上,可是,这一切还是不能阻碍帕斯卡对数学产生浓厚的兴趣。而且父亲越是不让他学习数学,他心里萌发的探索数学奥秘的愿望越是强烈。那年,他12岁,常听到父亲与朋友们谈论"几何",他听不懂,不知"几何"为何物,就去问老师。老师告诉他:"几何就是作出正确无误的图形,并找出它们之间的比例关系的一门科学。"他深信几何是一门十分有趣的学科,便偷偷地借来几本几何书,边读边用鹅毛笔在纸上画几何图形,兴致盎然。

1635年,帕斯卡随父亲迁居巴黎。初秋的巴黎郊外,气候宜人,景色美丽。一天,帕斯卡和父亲到郊外游玩,回到家里,准备稍作休息后一起共进晚餐。这时,帕斯卡好像自言自语,又好像是告诉父亲一件重大事情似的说:"三角形三个内角的总和是两个直角。"父亲为儿子的这一见解惊呆了,愣了半天说不出话来。儿子的见解意味着一个不平常的发现,这个发现来自一个年仅12岁的少年,做父亲的内心不知有多么激动。他抚摸着帕斯卡的头,过了好半天才喃喃地说:"是的,孩子,是的。"

帕斯卡的重大发现改变了父亲的做法。父亲挑选了欧几里得的《几何原本》给儿子学习,也不再阻拦他上数学课,平时还常为他解答疑难问题,并带帕斯卡参观各种科技展览,参加数学、物理的学术讨论会,鼓励他大胆地发表自己的见解。帕斯卡接触到了不少当时著名的数学家、物理学家、机械师……他领略到了数学的奥秘,眼界大开,学识上大有长进。

1639年,刚满16岁的帕斯卡对圆锥曲线等问题进行了大量的研究,掌握了圆锥曲线的共性,写出了震惊世界的论文。1640年《圆锥曲线论》一书出版,人们把他的这一伟大贡献誉为"阿波罗尼斯之后二千年的巨大进步"。从此,帕斯卡英名传遍欧洲。

● 机械加法器的诞生。帕斯卡的父亲,作为一名数学家和税务统计师,每天要统计大量的数据,在一旁的帕斯卡看到父亲整天这么辛苦,便产生了强烈的愿望,要造一个理想的计算工具,来解脱父亲的辛劳。以前的计算工具和计算方法如笔算、算表、算图等,速度慢、精度低,远远不能满足当时统计工作的需要。

帕斯卡想,如果能有一台专门进行加减乘除运算的机械,用它来替代人工的计算,那该有多好啊!帕斯卡不仅对数学非常了解,而且还在实践过程中通过自学,掌握了不少物理学方面的基本知识。他发现,在物理学当中,有一种齿轮系传动现象。在这一现象当中,几个大小成一定比例的齿轮,齿对齿啮合,匀速转动其中任何一个齿轮,就会带动其他几个齿轮以不同比例的速度均匀转动。而这一现象与数学的初级运算的过程、原理非常相似。这一发现使帕斯卡大受鼓舞。但是,怎样才能把这一机械运动现象运用到数学当中,或者说,数学当中抽象的、理论的问题怎样才能由现实直观的、具体的机械运动来解决呢?帕斯卡一边想,一边开始动手做。他要造出这样一台集物理学与数学知识于一体的机器来!

帕斯卡研究了各种传动机构,又走访听取了一些著名工匠的意见,对自己设计的计算机图纸反复推敲、反复试验。帕斯卡在研究加法器怎样进位这个关键问题上一遍一遍地想着,反复地设计着,可惜仍没有成功。一天晚上,帕斯卡还在设计草图前思索着,房间里静悄悄的,只能听到座钟

"嘀嗒""嘀嗒"的摇摆声。忽然钟声响了 10 下,时针在一种力的牵引下,微微地弹了一下准确地指到 10 的位置上。这短暂的一瞬就像黑夜中射来了一道强光,使帕斯卡感到眼前一亮,对呀!逢 10 进 1,他根据数的进位制(十进位制)想到了采用齿轮来表示各个位数上的数字,通过齿轮的比来解决进位问题。低位的齿轮每转动 10 圈,高位上的齿轮只转动 1 圈。这样采用一组水平齿轮和一组垂直齿轮相互啮合转动,解决了计算和自动进位。

为了这个梦想,帕斯卡夜以继日地埋头苦干,先后做了三个不同的模型,耗费了整整三年的时间。他不仅需要自己设计图纸,还必须自己动手制造。从机器的外壳,到齿轮和杠杆,每一个零件都由这位少年亲手完成。为了使机器运转得更加灵敏,帕斯卡选择了各种材料做试验,有硬木,有乌木,也有黄铜和钢铁。终于,第三个模型在 1642 年,帕斯卡 19 岁那年获得了成功,他称这架小小的机器为"加法器"。这也是世界上第一台机械计算器,如图 11-2 所示。

图 11-2　加法器

● 机械计算器是怎样工作的呢？1642 年夏,一台机械计算器在卢森堡宫展出了,整个欧洲为之轰动,许许多多的人涌进卢森堡宫,来观看机器是怎样代替人来计算的。有人用洋洋洒洒的文章来宣传它,有人用诗的语言来歌颂它,大家都对帕斯卡能用纯粹的机械装置来代替人们的部分思考和记忆的非凡智慧赞叹不已。人们尽量地走近它,仔细观察着这个神奇的黄铜盒子。帕斯卡加法器是一系列齿轮组成的装置，外壳用黄铜材料制作的一个长 20 英寸、宽 4 英寸、高 3 英寸的长方盒子，面板上有一列显示数字的小窗口，旋紧发条后才能转动，用专用的铁笔来拨动转轮以输入数字。这种机器开始只能够做 6 位数的加法和减法。

计算器表面有一排窗口，每一个窗口下都有一个刻着 0～9 这 10 个数字的拨盘（与现在电话拨盘相似），拨盘通过盒子内部的齿轮相互咬合，最右边的窗口代表个位，对应的齿轮转动 10 圈，紧挨着它的代表 10 位的齿轮才能转动一圈，以此类推。在进行加法运算时，每一拨盘都先拨"0"，这样每一窗口都显示"0"，然后拨被加数，再拨加数，窗口就显示出和数。在进行减法运算时，先要把计算器上面的金属直尺往前推，盖住上面的加法窗口，露出减法窗口，接着拨被减数，再拨减数，差值就自动显示在窗口上，如图 11-3 所示。

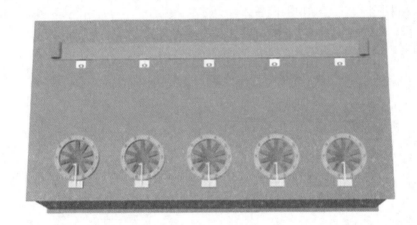

图 11-3　机械加法器操作面板

然而，即使只做加法，也有个"逢十进一"的进位问题。聪明的帕斯卡采用了一种小爪子式的棘轮装置。当定位齿轮朝 9 转动时，棘爪便逐渐升高；一旦齿轮转到 0，棘爪就"咔嚓"一声跌落下来，推动十位数的齿轮前进一挡（如图 11-4 所示）。帕斯卡父亲看了，简直不敢相信自己的眼睛。

图 11-4　机械加法器的内部结构

父亲的上司、法国财政大臣来到他家，观看帕斯卡表演新式的"计算机器"，并且鼓励他投入生产，大力推广这种"人类有史以来第一台计算机"。帕斯卡后来总共制造了 50 台同样的机器，有的机器计算范围扩大到 8 位，其中有两台，至今还保存在巴黎国立工艺博物馆里。

帕斯卡发明的加法器在全世界有若干仿制品，它至少没有被人遗忘，它第一次确立了计算机器的概念。

在帕斯卡众多的成果中最让他感到满意和自豪的还是这台计算器。因为它不仅圆了帕斯卡童年的梦想，而且它的出现告诉人们用纯机械装置可代替人的思维和记忆。机械来模拟人的思维，在今天看来这个机器是十分落后的，然而这种想法正是现代计算机发展的出发点。为此，帕斯卡在计算机发展史上功不可没。不幸的是帕斯卡一生被病魔困扰，在 39 岁时便英年早逝了。巴黎国立工艺博物馆里的机械加法器已经成为世界科技发展史上的一座丰碑。

健康不佳的智者

以帕斯卡定理而闻名并誉为"17 世纪法国最大的智者"的布莱斯·帕斯卡是个受到父亲特殊教育的早熟天才。16 岁的帕斯卡发表了《圆锥曲线论》。据说有这样一个插曲，因为这篇论文远远超过了当时的数学水平,甚至让笛卡儿产生了怀疑,他认为16岁的孩子不可能写出这样的论文来。

但是,这位天才身体健康很成问题。他生来虚弱,消化不良和失眠不断折磨着他的身心。18岁以后一直处于半病人的状态,无日不在痛苦之中。但他仍在许多领域取得了很多成就。他19岁时发明了使用齿轮进行加减运算的计算机。这是他为了减轻父亲计算中的负担动脑筋想出来的。帕斯卡加法器成为后来的计算机的雏形。在物理学领域里,他25岁时发现了帕斯卡定律,并证明了真空的存在,对水利学的创立做出了贡献。在数学领域里,他提出了概率论。在文学方面,他的散文风格给法国文学界以极大的影响。他还研究过神学,留下了《致外省人信札》《感想录》两部作品。《感想录》是在他死后发现的,是他生前生活、工作、思想的备忘录,经过整理后出版。其思想在以后的三个世纪里对世界产生了很大的影响。

帕斯卡无愧于光辉的世纪,他的身体状况很坏,然而病魔阻挡不住他追求真理、热爱科学的激情。

帕斯卡对科学的贡献是巨大的:他发现了密闭流体传递压强的定理——帕斯卡定律;发现了"神秘六边形"的"帕斯卡定理"这一射影几何学的基本定理,开创了射影几何学与概率论的研究,为微积分的诞生创造了预备条件;他还确立了数学归纳法在数学证明中的地位;由于他创造发明了机械计算机,而成为近代计算技术的拓荒者。为表达对帕斯卡的敬意,1971年,瑞士人沃斯把自己发明的高级语言命名为Pascal。

第 12 章
莱布尼茨的计算机

戈特弗里德·威廉·莱布尼茨是德国犹太族哲学家、数学家，历史上少见的通才，被誉为 17 世纪的亚里士多德。在哲学上，莱布尼茨的乐观主义最为著名，他认为"我们的宇宙，在某种意义上是上帝所创造的最好的一个"。他和笛卡儿、巴鲁赫·斯宾诺莎被认为是 17 世纪三位最伟大的理性主义哲学家。

在数学上，莱布尼茨和牛顿先后独立发现了微积分，而且他所使用的微积分的数学符号被更广泛地使用。人们普遍认为莱布尼茨所发明的符号更综合，适用范围更加广泛。莱布尼茨还发明并完善了二进制。

莱布尼茨是现代机器数学的先驱，他在帕斯卡加法器的基础上进行改进，使这种机械计算机加、减、乘、除四则运算一应俱全，也给后来风靡一时的手摇计算机铺平了道路。

● 戈特弗里德·威廉·莱布尼茨。莱布尼茨（图 12-1）出生于德国东部莱比锡的一个书香之家，父亲是莱比锡大学的道德哲学教授，母亲出生在一个教授家庭。莱布尼茨的父亲在他年仅 6 岁时便去世了，给他留下了丰富

图 12-1　德国数学家戈特弗里德·威廉·莱布尼茨

的藏书。莱布尼茨因此得以广泛接触古希腊、古罗马文化，阅读了许多著名学者的著作，由此获得了坚实的文化功底和明确的学术目标。15岁时，他进入莱比锡大学学习法律，一进校便跟上了大学二年级标准的人文学科的课程，还广泛阅读了培根、开普勒、伽利略等人的著作，并对他们的著作进行深入的思考和评价。在听了教授讲授欧几里得的《几何原本》的课程后，莱布尼茨对数学产生了浓厚的兴趣。17岁时，他在耶拿大学学习了数学，并获得了哲学硕士学位。

20岁时，莱布尼茨转入阿尔特道夫大学，这一年，他发表了第一篇数学论文《论组合的艺术》。这是一篇关于数理逻辑的文章，其基本思想是把理论和真理性论证归结于一种计算的结果。这篇论文虽不够成熟，但却闪耀着创新的智慧和数学才华。莱布尼茨在阿尔特道夫大学获得博士学位后便投身外交界。1671年，他利用外交活动开拓了与外界的广泛联系，以通信作为他获取外界信息、与人进行思想交流的一种主要方式。在出访巴黎时，莱布尼茨深受帕斯卡事迹鼓舞，决心钻研高等数学。1673年，莱布尼茨被推荐为英国皇家学会会员。此时，他的兴趣已明显地朝向数学和自然科学，开始了对无穷小算法的研究，独立地创立了微积分的基本概念与算法，和牛顿共同奠定了微积分的基础。1676年，他到汉诺威公爵府担任法律顾问兼图书馆长。1700年被选为巴黎科学院院士，促成建立了柏林科学院并担任首任院长。1716年，莱布尼茨在汉诺威逝世，终年70岁。

● 莱布尼茨的计算机。1671年，德国数学家莱布尼茨发现了一篇由帕斯卡亲自撰写的"加法器"论文，勾起了他强烈的发明欲望，决心把这种机器的功能扩大为乘除运算。莱布尼茨获得了一次出使法国的机会，这为实现制造计算机的夙愿创造了契机。在巴黎，莱布尼茨聘请到一些著名机械专家和能工巧匠协助他工作，终于在1674年造出一台更完善的机械计算机。

他设计的这种新型机器，由两部分组成：第一部分是固定的，用于加减法，与帕斯卡设计的加法器基本一致；第二部分用于乘除法，这部分是他专门设计的乘法器和除法器，由两排齿轮构成（被乘数轮与乘数轮），这是莱布尼茨首创的。这架计算机中的许多装置成为后来的技术标准，称为"莱布尼茨轮"，这架机器可进行四则运算。

莱布尼茨发明的机器叫乘法器（图12-2），约1米长，内部安装了一系列齿轮机构，体积较大，基本原理继承于帕斯卡，仍然是用齿轮及刻度盘操作。不过，莱布尼茨为计算机增添了一种名叫步进轮的装置。步进轮是一个有9个齿的长圆柱体，9个齿依次分布于圆柱表面，旁边另有个小齿轮可以沿着圆柱轴向移动，以便逐次与步进轮啮合。每当小齿轮转动一圈，步进轮可根据它与小齿轮啮合的齿数，分别转动1/10圈、2/10圈……，直到9/10圈，这样一来，它就能够重复地做加减法，并自动地加入加数器里，在转动手柄的过程中，使这种重复加减转变为乘除运算。乘法器是有史以来第一台有完整的四则运算能力的机械计算机。

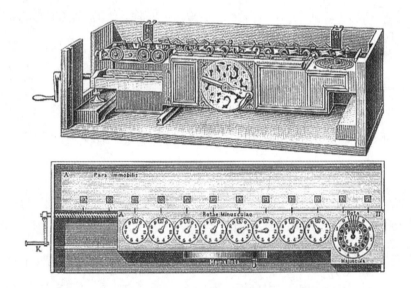

图12-2　莱布尼茨乘法器

最开始的时候，莱布尼茨尝试在帕斯卡那台只能做加减运算的加法器上进行改进，但很快发现，加法器的结构实在无法实现他心目中的自动化，只好重新设计。

最终，莱布尼茨构想出一种经典装置——阶梯轴，后人也称之为莱布尼茨轮（步进轮）。如图12-3所示，阶梯轴S是一个圆筒，圆筒表面有9

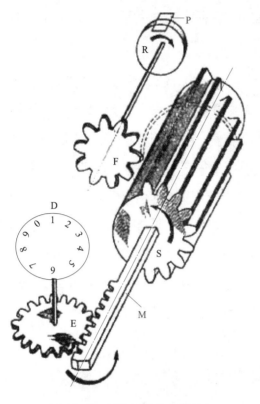

图 12-3 莱布尼茨的步进轮

个递增的齿，第一个齿长度为 1，第二个齿长度为 2，以此类推，第九个齿长度为 9，齿轮 E 与置数（子）旋钮 D 联动，D 旋钮转时，E 的转动带动有齿条的横杆 M，从而实现阶梯轴 S 沿轴心线移动。当阶梯轴 S 旋转一周时，与阶梯轴啮合的小齿轮 F 被带动的角度就可以因两者相对位置的不同而不同。指示数轮 R 与齿轮 F 联动，在读数窗口 P 可看到累加结果。

乘除与加减类似，稍熟悉电脑程序设计的人都知道，连续重复计算加法就是现代计算机做乘除运算采用的办法。

● 莱布尼茨发明的二进制。莱布尼茨对计算机的贡献不仅在于乘法器，1700 年左右，他最终悟出了二进制数的真谛。虽然莱布尼茨的乘法器仍然采用十进制，但他率先为计算机系统提出了二进制的运算法则，这为计算机的现代发展奠定了坚实的基础。

莱布尼茨为计算机提出了二进制数的设计思路。有人说，他的想法来自中国。故事是这样的：大约在 1700 年，远在中国的朋友法国传教士白晋从中国寄给了莱布尼茨一张神秘的方圆图，名称叫作"八卦"，是宋朝人邵雍所摹绘的一张"易图"。莱布尼茨仔细观察八卦的每一卦象，发现它们都由阳和阴两种符号组合而成。他很有兴趣地把 8 种卦象颠来倒去排列组合，脑海中突然灵光一闪，这不就是很有规律的二进制数字吗？若认为阳是"1"，阴是"0"，八卦恰好组成了二进制 000 到 111 共 8 个基本序数。由此，莱布尼茨最终悟出了二进制数之真谛。

趣闻轶事

德国数学家戈特弗里德·威廉·莱布尼茨十分爱好和重视中国的科学文化和哲学思想。他曾说："中国许多伟大的哲学家都曾在《易经》中的六十四个图形中寻找过哲学的秘密。这恰好是二进制算术,这种算术是伏羲所掌握而几千年之后由我发现的。""几千年来不能理解的奥秘由我理解了,应该让我加入中国籍吧!"据说他还送过一台他制作的计算机的复制品给康熙皇帝。

你知道吗?

二进制顾名思义就是逢二进位,就像在十进制里,1+9=10的计数规则一样,在二进制里,1+1=10。同样,在十进制中,3个10相乘的结果是1后面跟3个0;同样,3个2相乘在二进制里就相当于3个10相乘,同样也是1后面跟3个0,即二进制里的1000就相当于十进制里的2×2×2。二进制中只有0和1,却能与十进制自然数一一对应,相互转化。二进制逢1进位,十进制是逢9进位。二进制的缺点是位数多,比如二进制数110110有6位,对应的十进制数54才2位,那么二进制有什么用呢?

二进制诞生了几百年似乎都没什么用处,不过1和0正好与电子元件的开与关不谋而合。正好解决了计算机发明者头疼的问题,于是成了计算机工作的基本数制。

早期的计算机很笨,人们在操作台上扳动开关设定计算规则,还要把十进制转换成二进制,制作成穿孔纸带,有孔表示1,没孔表示0,计算机吞下并识别纸带后开始计算,最后再把表示结果的穿孔纸带吐出来,或者是用一大排指示灯告诉人们答案。这些纸带或指示灯都是用二进制表示的,还得再转换成十进制。虽然这么麻烦,但是第一台计算机也比人工快上很多倍,每秒能执行5000次加法运算。计算机的计算原理是传统的二进制,普普通通的0和1仍然是计算机世界中最基本的元素。

第 13 章
计算机的先驱者——查尔斯·巴贝奇

查尔斯·巴贝奇是一名英国发明家，计算机的先驱者。今天出版的许多计算机书籍扉页里，都登载着查尔斯·巴贝奇的照片（图 13-1）。宽阔的额，狭长的嘴，锐利的目光显得有些愤世嫉俗，坚定的但绝非缺乏幽默的外貌，给人以一种极富深邃思想的学者形象。

● 巴贝奇研制差分机。查尔斯·巴贝奇 1792 年出生在英格兰西南部的托特纳斯，是一位富有的银行家的儿子，童年时代的巴贝奇显示出极高的数学天赋，考入剑桥大学后，他发现自己掌握的代数知识甚至超过了老师。毕业后，24 岁的查尔斯·巴贝奇受聘担任剑桥的数学教授。这是一个很少有人能够获得的殊荣，假若巴贝奇继续在数学理论领域耕耘，他是可以走上鲜花铺就的坦途的。然而，查尔斯·巴贝奇却选择了一条无人敢于攀登的崎岖险路。

18 世纪末，法兰西发起了一项宏大的计算工程——人工编制《数学用表》，当时没有先进计算工具，人工编制《数学用表》是件极其艰巨的工作。法国数学界调集大批精兵强将，组成了人工手算的流水线，费了很大的力气，才完成了 17 卷大部头书稿。即便如此，计算出

图 13-1　查尔斯·巴贝奇

的《数学用表》仍然存在大量错误。

有一天,巴贝奇与著名的天文学家赫舍尔凑在一起,对两卷大部头的《数学用表》进行检验,翻一页就是一个错,翻两页就有好几处错。面对错误百出的《数学用表》,巴贝奇目瞪口呆,他甚至喊出声来:"天哪,但愿上帝知道,这些计算错误已经充斥弥漫了整个宇宙!"这件事也许就是巴贝奇萌生研制计算机构想的起因。巴贝奇在他的自传《一个哲学家的生命历程》里,写到了大约发生在1812年的一件事,有一天晚上,巴贝奇坐在剑桥大学的分析学会办公室里,神志恍惚地低头看着面前打开的一张对数表。一位会员走进屋来,瞧见巴贝奇的样子,忙喊道:"喂!你梦见什么啦?"巴贝奇指着对数表回答说:"我正在考虑这些表也许能用机器来计算!"

巴贝奇的第一个目标是制作一台差分机,那年他刚满20岁。他从法国人杰卡德发明的提花织布机上获得了灵感,差分机设计闪烁出了程序控制的灵光——它能够按照设计者的旨意,自动处理不同函数的计算过程。

1822年,经过10年的努力,巴贝奇的第一台差分机呱呱坠地(图13-2)。但是当时的工业技术水平极差,从设计绘图到零件加工,都得自己亲自动手。好在巴贝奇自小就酷爱并熟悉机械加工,车钳刨铣磨样样拿手。他孤军奋战造出的这台机器,运算精度达到了小数点后6位,当即就演算出好几种函数表。后来的实际运用证明,这种机器非常适合编制航海和天文方面的数学用表。

成功的喜悦激励着巴贝奇,他连夜奋笔上书皇家学会,要求政府资助他建造第二台运算精度为小数点后20位的大型差分机。英国政府破天荒地与科学家签订了第一个合同,财政部为这台大型差分机提供1.7万英镑的资助。巴贝奇自己贴进去1.3万英镑,用以弥补研制经费的不足。

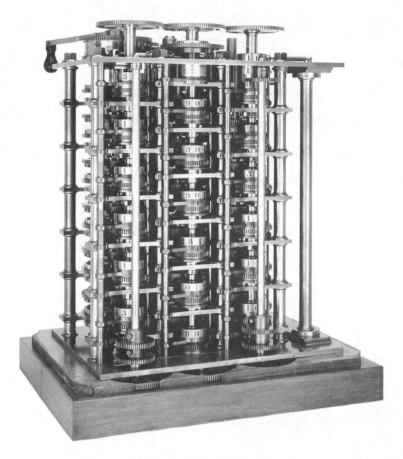

图 13-2　巴贝奇的差分机

　　第二台差分机大约有 25000 个零件，主要零件的误差不得超过千分之一每英寸，即使用现在的加工设备和技术，要想造出这种高精度的机械也绝非易事。巴贝奇把差分机交给了英国最著名的机械工程师约瑟夫·克莱门特所属的工厂制造，但工程进度十分缓慢。设计师心急火燎，从剑桥到工厂，从工厂到剑桥，一天几个来回。他把图纸改了又改，让工人把零件重做一遍又一遍。年复一年，日复一日，直到 1832 年又一个 10 年过去后，巴贝奇依然望着那些不能运转的机器发愁，全部零件亦只完成不足一半的数量。参加试验的同事们再也坚持不下去，纷纷离他而去。巴贝奇独自苦苦支撑了第三个 10 年，终于感到自己再也无力回天。那天清晨，巴贝奇蹒跚地走进车间。偌大的作业场空无一人，只剩下满地的滑车和齿轮，四处一片狼藉。他呆立在尚未完工的机器旁，深深地叹了口气，难受地流下了眼泪。在痛苦的煎熬中，他无计可施，只得把全部设计图纸和已完成的部分零件送进伦敦皇家学院博物馆供人观赏。

● 与爱达共同研制分析机。就在这痛苦艰难的时刻，一缕春风悄然吹开巴贝奇苦闷的心扉。他意外地收到一封来信，写信人不仅对他表示理解，而且还希望与他共同工作。娟秀字体的签名，表明了她不凡的身份——伯爵夫人。接到信函后不久，巴贝奇实验室来了一位年轻的女士。只见她身披素雅的斗篷，鬓角上斜插一束白色的康乃馨，显得那么典雅端庄，面带着矜持的微笑，向巴贝奇弯腰行了个致敬礼。巴贝奇一时愣在那里，他与这位女士似曾相识，又想不起曾在何处邂逅。女士落落大方地做了自我介绍，来访者正是那位伯爵夫人。"您还记得我吗？"女士低声问，"十多年前，您还给我讲过差分机原理。"看到巴贝奇迷惑的眼神，她又笑着补充说："您说我像野人见到了望远镜。"巴贝奇恍然大悟，想起已经十分遥远的往事。面前这位俏丽的女士和那个小女孩之间，依稀还有几分相似。

原来，伯爵夫人本名叫爱达·奥古斯塔（图 13-3），是英国大名鼎鼎的诗人拜伦的独生女。她比巴贝奇的年龄要小 20 多岁，1815 年才出生。爱达自小命运多舛，来到人世的第二年，父亲拜伦因性格不合与她的母亲离异，从此别离英国。可能是从未得到过父爱的缘由，小爱达没有继承到父亲诗一般的浪漫热情，却继承了母亲的数学才能和毅力。那还是爱达的少女时代，母亲的一位朋友领着她们去参观巴贝奇的差分机。其他女孩子围着差分机叽叽喳喳乱发议论，摸不着头脑。只有爱达看得非常仔细，她十分理解并且深知巴贝奇这项发明的重大意义。或许是这个小女孩特殊的气质，在巴贝奇的记忆里留下了较深的印记。他赶紧请爱达入座，并欣然同意与这位小有名

图 13-3　爱达·奥古斯塔

气的数学才女共同研制新的计算机。

就这样，在爱达 27 岁时，她成为巴贝奇科学研究上的合作伙伴，迷上这项常人不可理喻的"怪诞"研究。彼时，她已经成了家，丈夫是洛甫雷斯伯爵。按照英国的习俗，许多资料里都把她称为"洛甫雷斯伯爵夫人"。

30 年的困难和挫折并没有使巴贝奇折服，爱达的友情援助更坚定了他的决心。在大型差分机进军受挫的 1834 年，巴贝奇又提出了一项新的更大胆的设计。他最后冲刺的目标，不再仅仅是能够制表的差分机，而是一种通用的数学计算机。巴贝奇把这种新的设计叫作分析机（图 13-4），它能够自动解算有 100 个变量的复杂算题，每个数可达 25 位，速度可达每秒运算一次。今天我们再回首看看巴贝奇的设计，分析机的思想仍然闪烁着天才的光芒。

图 13-4　分析机

巴贝奇首先为分析机构思了一种齿轮式的"存贮库"，每一齿轮可存贮 10 个数，总共能够储存 1000 个 50 位数。分析机的第二个部件是"运算室"，其基本原理与帕斯卡的转轮相似，但他改进了进位装置，使 50 位数加 50 位数的运算可完成于一次转轮之中。此外，巴贝奇还构思了送入和取出数据的机构以及在"存贮库"和"运算室"之间传输数据的部件。

一个多世纪过去后，现代电脑的结构几乎就是巴贝奇分析机的翻版，只不过它的主要部件被换成了大规模集成电路而已。仅此一说，巴贝奇当之无愧就是计算机系统设计的"开山鼻祖"。

爱达非常准确地评价道："分析机编织的代数模式同杰卡德织布机编织的花叶完全一样。"于是，为分析机编制一批函数计算程序的重担，落到了数学才女的肩头。爱达开天辟地为计算机编出了程序，其中包括计算三角函数的程序、级数相乘程序、伯努利函数程序等。爱达编制的这些程序，即使到了今天，电脑软件界的后辈仍然不敢轻易改动一条指令，人们公认她是世界上第一位软件工程师。

不过，以上讲的都是后话，又有谁知道巴贝奇和爱达当年处在怎样痛苦的水深火热之中！由于得不到任何资助，巴贝奇为把分析机的图纸变成现实，耗尽了自己全部财产，搞得一贫如洗。他只好暂时放下手头的活，和爱达商量设法赚一些钱，如制作国际象棋玩具、赛马游戏机等。为筹措科研经费，他们不得不"下海"搞"创收"。爱达忍痛两次把丈夫家中祖传的珍宝送进当铺，以维持日常开销，而这些财宝又两次被她母亲出资赎了回来。

贫困交加，无休止的脑力劳动，使爱达的健康状况急剧恶化。1852年，怀着对分析机成功的美好梦想和无言的悲怆，巾帼软件奇才香消玉殒，魂归黄泉，年仅 36 岁。

爱达死后，巴贝奇又默默地独自坚持了近 20 年。晚年的他已经不能准确地发音，甚至不能有条理地表达自己的意思，但是他仍然在坚持工作。

分析机没能造出来，巴贝奇和爱达的失败是因为他们看得太远，分析机的设想超出了他们所处时代至少一个世纪！然而，他们留给了计算机界后辈们一份极其珍贵的遗产，包括 30 种不同的设计方案，近 2100 张组装图和 50000 张零件图，更包括那种在逆境中自强不息，为追求理想奋不顾身的拼搏精神！ 1871 年，为计算机事业而贡献了终生的先驱者巴贝奇永远地闭上了眼睛。

趣闻轶事

电脑音乐的起源

电脑音乐几乎是和电脑相伴相生的。说起电脑音乐的起源，还有一个有趣的"预言"故事。早在第一台电脑发明一百多年前的1842年，英国剑桥大学的查尔斯·巴贝奇教授发明了电脑的前身——分析机。当时他的助手、著名诗人拜伦的女儿爱达·奥古斯塔就曾预言："这台机器总有一天会演奏出音乐的。"果然不出爱达所料，到了1946年，世界上第一台电子计算机ENIAC在美国诞生了，这台笨重的机器本是为了对付法西斯的新式武器而研制的，但"很不幸"，它刚刚被研制出来，第二次世界大战就结束了。由于这种计算机具有非常强大的计算能力，各个学科的科学家纷纷利用它来进行分析、研究工作，很快，一些数学和音乐的双料天才也开始在音乐上使用这种工具。

1948年，计算机首先被应用于音乐理论的分析、研究中，实践证明，它在分析风格、调性与和声结构等方面是十分有用的。1957年，美国作曲家理查伦·希勒尔和数学家伦纳德·艾萨克合作首次制作出了真正的"计算机音乐"，爱达的预言在115年之后终于得以实现。

 你知道吗？

世界第一位程序员

爱达·奥古斯塔是著名英国诗人拜伦之女，数学家，计算机程序创始人，建立了循环和子程序概念。为计算程序拟定"算法"，写作了第一份"程序设计流程图"，被珍视为"第一位给计算机写程序的人"。为了纪念爱达·奥古斯塔对现代电脑与软件工程所做的贡献，美国国防部将耗费巨资、历时近20年研制成功的高级程序语言命名为Ada语言，它被公认为是第四代计算机语言的主要代表。

第 14 章
谁发明了自行车

自行车（图 14-1）是我们日常生活中极其常见的一种代步交通工具。它的出现距今已有百余年的历史。自行车是人类发明的最成功的人力机械之一，它是由许多简单零件组成的复杂机械。在自行车的发展历程中，它的结构有过几次重大变化，如图 14-2 所示。每一次重大的变化都是自行车的设计思想上的一次大的突破，每一次大的变化都使自行车的发展进入了一个新的时代。

图 14-1 自行车

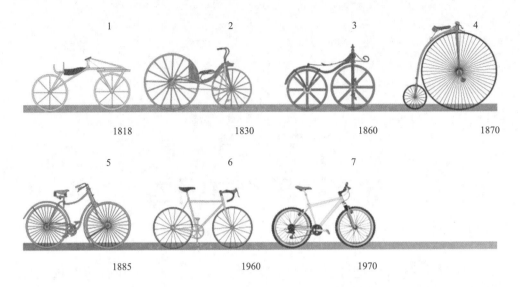

图14-2 自行车的发展历程

- 代步的木马轮。1790年,有个法国人名叫西夫拉克,他特别爱动脑筋。一天,他行走在巴黎的一条街道上,因为前一天下过雨,路上积了许多雨水,很不好走。突然,一辆四轮马车从身后滚滚而来,那条街比较狭窄,马车又很宽,西夫拉克躲来躲去才没有被车撞倒,但还是被溅了一身泥巴和雨水。别人看见了,替他难过的同时,还气得直骂,想喊那辆马车停下,讲理交涉。西夫拉克却喃喃地说:"别喊了,别喊了,让他们去吧。"马车走远了,他还呆呆地站在路边。他在想路这么窄,行人又那么多,为什么不可以把马车的结构改一改呢?应当把马车顺着切掉一半,四个车轮变成前后两个车轮。他这样一想,回家就动手进行设计。经过反复试验,西夫拉克于1791造出了第一架代步的"木马轮"小车(图14-3)。这辆小车有前后两个木质的车轮子,中间连着横梁,上面安了一个板凳,像一个玩具似的。由于车子还没有传动链条,靠骑车人双脚用力蹬地,小车才能慢慢地

图14-3 "木马轮"小车

前进，而且车子上也无转向装置，只能直行，不能拐弯，出门骑一会儿就累得满身大汗。刚刚出现的新东西总是不那么完善。西夫拉克并不灰心，他继续想办法加以改进。可惜的是，不久他就因病去世了。

● 可爱的小马崽。1817年，在德国有个看林人名叫德莱斯，他每天从村东的这一片树林走到村西的另一片树林，年年如此。他想：如果人坐在车子上，走走停停，随心所欲，不是很潇洒吗？德莱斯开始制作木轮车，样子跟西夫拉克的差不多。不过，他在自行车的前轮上安装了方向舵，能改变自行车前进的方向。但是骑车时依然要用两只脚，一下一下地蹬踩地面，才能推动车子向前滚动（图14-4）。当德莱斯骑车出门试验的时候，一路上遭到不少人的嘲笑。尽管如此，他还是十分喜欢自己创作的这架"可爱的小马崽"。

图14-4　被称作"可爱的小马崽"的自行车

● 发明中的设想和实践。1839 年，英国苏格兰的铁匠麦克米伦，弄到了一辆破旧的"可爱的小马崽"。他不断思考如何能坐在车上，最后他终于设计了一辆前轮小后轮大的自行车。他在后轮的车轴上装上曲柄，再用连杆把曲柄和前面的脚蹬连接起来，并且前后轮都是铁制的。当骑车人踩动脚蹬，车子就会自行运动起来，向前跑去。这样一来，就使骑车人的双脚真正离开地面，以双脚的交替踩动变为轮子的滚动，大大地提高了行车速度。1842 年，麦克米伦骑上这种车，一天跑了 20 公里，这也是自行车发明的一大进步。

麦克米伦发明的自行车，如图 14-5 所示，木质车轮，装实心橡胶轮胎，前轮小，后轮大，坐垫低，装有脚踏板、曲柄连杆，使双脚可以离开地面。

● 米肖父子的自行车。1861 年，法国的米肖父子，原本职业是马车修理匠，他们在前轮上安装了能转动的脚蹬板，车子的鞍座架在前轮上面，这样除非骑车的技术特别高超，否则抓不稳车把的话，就会从车子上掉下来。他们把这辆两轮车冠以"自行车"的雅名，并于 1867 年在巴黎博览会上展出（图 14-6），令观众大开眼界。

图 14-5　麦克米伦发明的自行车　　　图 14-6　前轮装上脚蹬板的自行车

● 雷诺自行车。1869 年，英国人雷诺看了法国的自行车之后，觉得车子太笨重了，开始琢磨如何把自行车做得轻巧一些。他采用钢丝辐条来拉紧车圈作为车轮，同时利用细钢棒来制作车架，从而使自行车自身的重量减小一些。车子的前轮较大，后轮较小，如图 14-7 所示。从西夫拉克开始，一直到雷诺，他们制作的五种形式的自行车都与现代自行车的差别较大。

图 14-7　雷诺自行车

- 带链条和链轮的现代形式的自行车。真正具有现代形式的自行车是在 1874 年诞生的。英国人罗松在这一年里，别出心裁地在自行车上装上了链条和链轮，用后轮的转动来推动车子前进。但仍然是前轮大，后轮小，看起来不够协调，不稳定，如图 14-8 所示。

图 14-8　具有现代形式的自行车

- "自行车之父"斯塔利。1886 年，英国的一位机械工程师斯塔利，从机械学、运动学的角度设计出了新的自行车样式，为自行车装上了前叉和车闸，前后轮的大小相同，以保持平衡，并用钢管制成了菱形车架，还使用了橡胶的车轮。斯塔利不仅改进了自行车的结构，还改制了许多生产自行车部件用的机床，为自行车的大量生产及推广应用开辟了广阔的前景，因此他被后人称为"自行车之父"。斯塔利所设计的自行车车型与今天自行车的样子基本一致，如图14-9所示。

图14-9　步入时代的自行车

● 橡胶充气轮胎的发明。1888年，一位住在爱尔兰的兽医约翰·邓禄普，从医治牛胃气膨胀中得到启示，将自家花园用来浇水的橡胶管粘成圆形并打足气装在自行车上，发明了橡胶充气轮胎，这是充气轮胎的开端。充气轮胎是自行车发展史上的一个划时代的创举，也是自行车发展史上非常重要的发明，它提升了自行车的减震性能，同时大大地提高了行车速度，减少了车轮与路面的摩擦力。这样，就从根本上改变了自行车的骑行性能，完善了自行车的使用功能，如图14-10所示。

图14-10　橡胶充气轮胎

1791～1888年，经过不断地改进，基本奠定了现代自行车的雏形。时至今日，自行车已成为全世界使用最多、最简单、最实用的交通工具。

从18世纪末到21世纪初期，自行车的发明和改进经历了200多年的时光，有许多人为之奋斗，才演变成现在这种骑行自如的样式。人们应该永远记住这些自行车的发明者们。

趣闻轶事

自行车名字的由来

1866年，清朝派出了第一批出洋考察团，其中19岁少年张德彝在游记里使用到"自行车"一词，于是自行车一词首次出现，并被一直沿用至今。

● 俄国人发明过一个自行车。1801年9月的一天，俄国农奴阿尔塔莫诺夫骑着自己制造的木制自行车，行驶2500公里，赶到莫斯科向沙皇亚历山大一世献礼。阿尔塔莫诺夫制造的自行车与法国人西夫拉克制造的车较相似。亚历山大一世见到阿尔塔莫诺夫制造的自行车，当即下令取消了他的奴隶身份。

你知道吗？

你知道什么是概念自行车吗？

概念自行车如图14-11所示，这款自行车尚处于概念状态，但是它的神奇功能十分吸引人。除了车身线条设计极具未来感之外，它还能随用户需要变形。当你要与时间赛跑的时候，它能调节成赛车样式；当你想浏览沿途风景的时候，它又能变形为旅游自行车，让你舒适地徜徉在景色之中。

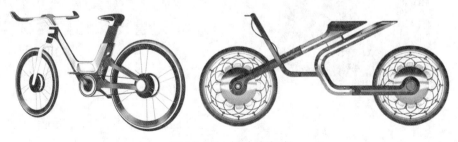

图14-11 概念自行车

第 15 章
缝纫机的发明者们

缝纫机是用一根或多根缝纫线，在缝料上形成一种或多种线迹，使一层或多层缝料交织或缝合起来的机器。缝纫机能缝制棉、麻、丝、毛、人造纤维等织物和皮革、塑料、纸张等制品，缝出的线迹整齐美观、平整牢固，缝纫速度快，使用简便。

缝纫机的结构如图 15-1 所示。一般缝纫机都由机头、机座、传动和附件四部分组成。机头是缝纫机的主要组成部分。它由刺料、钩线、挑线、送料四个机构和绕线、压料、落牙等辅助机构组成，各机构的运动合理地配合，循环工作，把缝料缝合起来。缝纫机零件的安装位置如图 15-2 所示。

机座分为台板和机箱两种形式。台板式机座的台板起着支承机头的作用，操作缝纫机时当工作台用。机箱式机座的机箱起着支承和贮藏机头的作用。

缝纫机的传动部分由机架，手摇器等部件组成。机架是机器

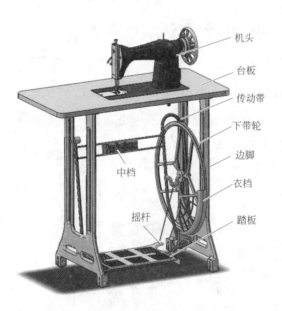

图 15-1　缝纫机的结构

的支柱，支承着台板和脚踏板。使用时操作者踩动脚踏板，通过曲柄带动带轮旋转，又通过传动带带动机头旋转。手摇器多数直接装在机头上。

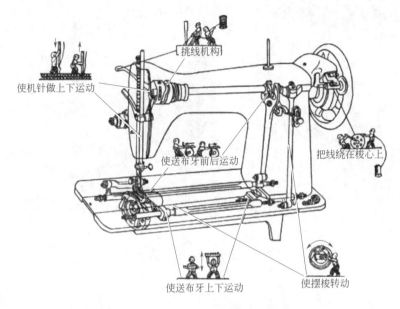

图15-2　缝纫机零件的安装位置

● 缝纫机的发明者们。缝纫机是现代人们常用的家用机器，远在旧石器时代晚期，人类就已经懂得使用针和线缝制衣服了。在缝纫机发明之前，人们一直用手工缝制衣服，不但效率低，而且不够精致。如果没有缝纫机，世界可能是另外一个样子。机械化缝纫机的发明，使人们都能穿上结实、针脚细致的衣服。那么，是哪些人发明了缝纫机呢？如图15-3所示。

● 世界上的第一台手摇缝纫机。英国人托马斯·山特（图15-4）是第一台缝制机械的发明者。1790年，他用机械来模仿替代手工缝制的过程，制造出第一台缝制皮鞋的缝纫机。当时因没有缝制机械制造的记录，他的专利在纺织机械的专利库内被人疏忽了83年，后来这台机器经过复制，曾在1878年的巴黎万国博览会上展出，如图15-5所示。

图 15-3 缝纫机的发明者

18世纪60年代,英国工业革命率先从棉纺织业开始,随即扩展到其他各个领域,大大地促进了社会生产力的迅速发展,同时也极大地冲击了手工业,导致很多原先靠手工劳作的纺织女工失业。托马斯·山特的妻子便是失业的纺织女工之一。失业后不久,山特夫人很快在一家依然靠手工劳作的皮鞋制造厂找到了工作。为了能多挣到一些钱,山特夫人经常加班,甚至将一些需要缝制的皮鞋带回家里,一直干到深夜。看到妻子如此劳累,托马斯心疼不已。木匠出身的托马斯很快便想到了为自己的妻子打造一台能缝制皮鞋的机器。

图 15-4 托马斯·山特

为此,托马斯每晚都非常认真仔细地观察妻子是如何缝制皮鞋的,白天稍有空闲便思考如何进行设计和制造。功夫不负有心人，托马斯终于在 1790 年造出了第一台用木料做机体，用金属做部分零件的手摇式缝纫机。山特夫人用这台机器缝制皮鞋确实提高了效率，省时省力，欣喜不已。世界上第一台先打洞、后穿线、缝制皮鞋用的单线链式线迹手摇缝纫机就这样被一位木匠发明成功了。他开创了缝纫机发明的先河。

图 15-5　单线链式线迹手摇缝纫机

● 双线链式线迹缝纫机发明。裁缝出身的法国人巴泰勒米·蒂莫尼耶（图 15-6）为了改善生活和减轻手工劳作的辛苦，历经千辛万苦，于 1841 年设计和制造出了一种机针带钩子的双线链式线迹缝纫机，缝制速度比手工缝制提高了十几倍。但是这种缝纫机的发明并没有给蒂莫尼耶带来幸运，反而受到了思想保守的裁缝们的联合抵制，甚至将蒂莫尼耶生产的机器都砸毁了，因为他们担心缝纫机会使他们失去工作而过上饥寒交迫的生活。蒂莫尼耶至死也没能使自己的发明为人们所接受，而这种双线链式线迹缝纫机也因此成了史上最遗憾的发明。

图 15-6　巴泰勒米·蒂莫尼耶

- 链式缝合。我们了解了缝纫机的核心是线圈缝合。事实上有多种不同类型的线圈缝合，而且它们的原理也略有不同。那么什么是链式缝合呢？

最简单的线圈缝合是链式缝合。若要缝出链式缝合，缝纫机会在线的后面用相同长度的线打环。织物位于针下面的一块金属板上，用压脚固定。每次缝合开始时，针穿过织物拉出一个线圈。一个做线圈的装置在针拉出前抓住线圈，该装置与针同步运动。一旦针拉出织物，送布牙装置就会将织物往前拉。当针再次穿过织物时，新的线圈将直接穿过前一个线圈的中间。做线圈的装置会再次抓住线，围绕下一个线圈做线圈。这样，每个线圈都会把下一个线圈固定到位。链式缝合的主要优点是可以缝得非常快。但是，它不是特别的结实，如果线的一端松开，可能整个缝纫会全部松脱。

- 真正现代意义上的缝纫机诞生。美国人伊莱亚斯·豪（图15-7）生长在马萨诸塞州的斯宾塞，他在一家纺织厂由学徒工成长为一名能干的机械师。也许是兴趣所致，伊莱亚斯·豪潜心于缝纫机的研究，1845年4月，终于创造出一台实用且生产效率高的手摇缝纫机。

在此之前，有许多人都发明过缝纫机，用以辅助手工缝纫。然而，伊莱亚斯·豪对缝纫机进行了重大的改进。他采用了曲线连锁缝纫法，并发明了一系列对现代缝纫机来说至关重要的结构，例如设置在针尖的针眼、自动进料装置等。

图15-7 伊莱亚斯·豪

出身机械技工的美国人伊莱亚斯·豪生活贫苦，四处奔波。婚后，伊莱亚斯为了养家糊口，拼命地工作，但生活依然窘迫。一天，伊莱亚斯正在机械厂里埋头苦干，一位老客户走过来向他询问厂里是否生产缝纫用的机器，然后两个人便借机攀谈了几句。从客户的口中，伊莱亚斯·豪得知纺织业的飞速发展已使得服装制造业的生产用布大量积压,急需高效的缝制机器。伊莱亚斯 · 豪敏锐地觉察到这是一个难得的商机。之后,伊莱亚斯凭借其娴熟的机械技术,不断地探索、试验和改进他的发明。

伊莱亚斯·豪是如何想到将针眼设置在针尖上的呢?他母亲的家族历史中记载了一个故事"由于伊莱亚斯·豪没日没夜地工作,竟然在一天夜里梦见自己由于无法改进缝纫机而激怒了国王,国王派出士兵前来抓他受刑。这些梦中的士兵手握长矛,长矛在尖端呈镂空形状,于是给了他这个灵感。"在不懈的努力下,在朋友的资助下,伊莱亚斯 · 豪终于在1845年研制成功了曲线连锁缝纫法缝纫机,缝纫速度为300针每分钟,非常高效。

那么什么是锁式线迹缝纫呢?缝纫机的线迹可分为链式线迹及锁式线迹两种。其中,锁式线迹是最常见的,是一种更结实的缝线,叫作锁缝。它由两根缝线组成,像搓绳一样相互交织起来,其交织点在缝料中间。从线迹的横截面看,两缝线像两把锁相互锁住一样,因而称为锁式线迹,如图15-8所示。

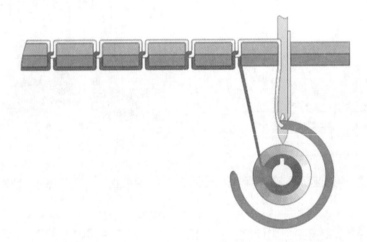

图15-8 锁式线迹缝纫法

为了推广自己的发明,伊莱亚斯 · 豪离开家乡,辗转来到英国。几个月的努力都化作徒劳后,伊莱亚斯 · 豪不得不返回美国。回国后,伊莱亚斯·豪惊讶地发现他的发明已被人窃取，并广为使用。为了维护自己的权益，伊莱亚斯·豪毅然同侵权者胜家公司打起了官司，并最终胜诉。1846年9月10日，伊莱亚斯·豪取得了曲线连锁缝纫法缝纫机专利，美国专利局向发明家伊莱亚斯·豪授予了第一份缝纫机的专利权（图15-9）。伊莱亚斯·豪发明的曲线连锁缝纫法缝纫机为缝纫机的进一步发明创新奠定了坚实的基础。

1867年，在巴黎世界博览会上，伊莱亚斯·豪的缝纫机获得了金奖。同年，他获得了拿破仑三世颁发的荣誉勋章。

伊莱亚斯·豪获选进入美国国家发明家名人堂。他所发明的缝纫机风靡全世界，走进了千家万户，改变了人类制造衣物的历史，见图15-10。

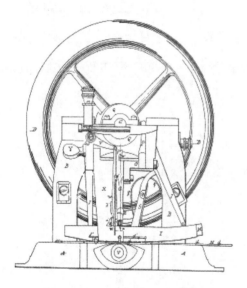

图15-9　伊莱亚斯·豪的专利　　图15-10　伊莱亚斯·豪于1846年发明的缝纫机

● 日益完善的缝纫机诞生。1851年，一位名叫列察克·梅里瑟·胜家（图15-11）的美国人改进发明了一种代替手工缝纫的机器——缝纫机。这个革命性的发明被英国当代世界科技史家李约瑟博士称之为"改变人类生活的发明"之一。

列察克·梅里瑟·胜家出生在曼哈顿郊区一个工人家庭。他母亲勤劳手巧，每年都要替一家7口人手工缝制四季穿的衣物，常常要忙到深夜，累得腰酸背痛，眼花手软。心疼母亲的胜家便暗下决心，长大后一定要发明一种缝纫机器，让母亲不再辛苦。

在这种信念的支持下，1851年，胜家终于改进并发明了世界上第一台缝纫机（图15-12），并把它送给母亲。母亲用后赞不绝口，做起衣服来轻松了许多。

图15-11　列察克·梅里瑟·胜家

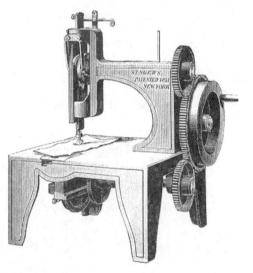

图15-12　1851年胜家发明的缝纫机

接着，胜家便想着让更多和母亲一样勤劳的女性从劳累中解脱出来，于是他喊出了一个大胆、革命性的口号——"用我的缝纫机吧，女性也可以在家里操纵机器！"可在当时的美国，女性连选举权和发言权都没有，只能整天待在家里带孩子、做家务。

但胜家坚持要打破这一陈规，他开始不辞辛苦地到处推销他的缝纫机。可他又发现了问题，很多女性手中都没有钱，若得不到家人的支持，根本买不起缝纫机。为此，他想到了一个更大胆的创意——扩大女性的贷款额，让她们通过分期付款就能买得起缝纫机。

结果，胜家赢得了商机，仅1876年一年，就卖出了24万台缝纫机，他也因此赚得盆满钵满，建起了纽约曼哈顿地标性的建筑——达科塔大厦。

世界上最大的生意是解放和尊重人。正是对女性的尊重和爱，胜家在商业上获得了巨大的成功。

作为美国最早开始生产缝纫机的公司，胜家公司虽然在专利申请的诉讼上败给了伊莱亚斯·豪，但是其创始人列察克·梅里瑟·胜家并没有灰心丧气，他凭借自己的聪明才智于1853年发明了锁式线迹缝纫机。这款依旧是手摇式的缝纫机，缝纫速度可达到600针每分钟，投入使用后大受欢迎。胜家公司并没有就此止步，而是不断地积极研制新型的缝纫机，拥有了几十项发明专利。其中，1859年，胜家公司发明了脚踏式缝纫机。1889年，胜家公司将电动机融入缝纫机的发明创造中，从而发明了电动机驱动的缝纫机。进入20世纪，胜家公司又成功地将电脑引入到缝纫机的创新中，研制成电脑控制型缝纫机，开创了缝纫机工业的新纪元，如图15-13所示。

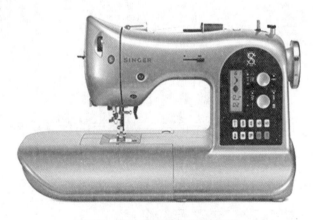

图15-13　电脑控制型缝纫机

中国最早的缝纫机出现于 1895 年，是从美国引进的第一台缝纫机。1905 年，上海首先开始制造缝纫机零配件，并建立了一些零配件生产小作坊，中国的缝纫机产业从此开始了。1928 年，由上海协昌缝纫机厂生产出了第一台工业用缝纫机。同年，海胜美缝纫机厂也生产出第一台家用缝纫机。

趣闻轶事

19 世纪，虽然胜家缝纫机产量已经很大，但仍然是稀罕之物，不是一般家庭所能拥有。1999 年的好莱坞影片《安娜与国王》，讲述了 19 世纪 60 年代英国女教师安娜与暹罗国王的爱情故事，影片里朱迪·福斯特饰演的安娜送给暹罗国王的礼物中便有一台胜家缝纫机。1869 年，李鸿章出访英国，归国时带回一台镀金的胜家缝纫机，作为礼物送给了慈禧太后。末代皇帝溥仪也曾送给皇后婉容一台胜家缝纫机。

你知道吗？

缝纫机按照用途，分为家用缝纫机、工业用缝纫机和位于两者之间的服务性行业用缝纫机；按驱动方式分为手摇、脚踏及电动缝纫机；按缝制的线迹分为仿手缝线迹、锁式线迹、单线链式线迹、双线或多线链式线迹缝纫机。

第 16 章
斯特林发明了发动机

众所周知，普通发动机在工作的时候要和外界进行空气交换，这就好比汽车在行驶的过程中，发动机的进气口要吸进空气同时排气口要排出废气一样。但是，整个都潜在水底的潜艇是不可能有这么多可交换的空气的。没有空气就没有办法将燃料燃烧产生的能量传递给发动机进而驱动潜艇前进。科学家们需要一台不需要和外界进行空气交换的发动机。而实现这项功能发动机的人是英国物理学家罗巴特·斯特林（图16-1），他在1816年发明了这款发动机，命名为"斯特林发动机"。

斯特林是一位英国物理学家、热力学研究专家。斯特林对于热力学的发展有很大的贡献，他的科研工作主要是研究热气机。热气机的研制，是18世纪物理学和机械学的中心课题。当时，各种各样的热气机层出不穷，不断互相借鉴，取长补短，热气机制造业兴旺起来，工业革命处于高潮时期。

● 斯特林发动机工作原理。斯特林发动机，又称热气机，是一种外燃机，其效率一般介于汽油机与柴油机之间。斯特林发动机是通过气缸内工作介质（氢气或氦气）经过冷却、压

图 16-1　罗巴特·斯特林

缩、吸热、膨胀为一个周期的循环来输出动力。

斯特林发动机作为一台不需要和外界进行气体交换的发动机，它是怎么工作的呢？其实，这种发动机的工作原理十分简单，就是利用了我们生活中常见的热胀冷缩现象。如图 16-2 所示，这类发动机一般由两个底部连通的缸体组成，并且在两个缸体中密闭着一定体积的气体。当其中一个缸体受热的时候，缸内的气体就会膨胀，从而推动活塞运动，等到这个气缸运动完成之后另一个活塞又因气体受热膨胀而运动，两个活塞在气缸中交替往复运动，从而将热能转换成动能输出。

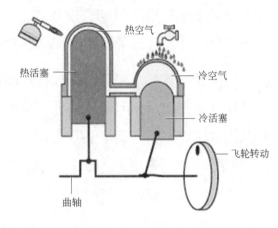

图 16-2　斯特林发动机工作原理

随着热气机发展，热力学理论研究提到了重要位置，不少科学家致力于热气机理论的研究工作，斯特林便是其中著名的一位。他所提出的斯特林循环，是重要的热气机循环之一，亦称斯特林热气机循环。斯特林发动机不排废气，除燃烧室内原有的空气外，不需要其他空气，所以适用于都市环境和外层空间。

18 世纪末至 19 世纪初，热气机普遍为蒸汽机，它的效率很低，只有 3%～5%，有 95% 以上的热能没有得到利用。到 1840 年，热气机的效率也仅仅提高到 8%。斯特林对于热力学理论的研究，就是从提高热气机效率出发的。他所提出的斯特林循环的效率，在理想状况下可以无限提高。当然受实际条件的限制，不可能达到 100%，但提供了提高热效率的努力方向。

1843 年，罗伯特·斯特林与他的弟弟詹姆斯·斯特林在原有斯特林理论基础上做出改进，功率提高到 45 马力，效率由 8% 提高到 18%。

1853年，约翰·埃里克森制造了缸径为4.26米的超大型热气机，总功率220千瓦，效率13%，装在2000吨的明轮船上。

斯特林发动机出现后曾经风靡一时，限于当时材料水平，并没有得到进一步发展。随后，由于1883年四冲程汽油机的发明和1893年柴油机的出现，老式斯特林发动机被淘汰出局。1910年，最后一台老式斯特林发动机出厂后，宣布了斯特林发动机时代的终结。

但是科学家们从来就没有放弃对斯特林发动机的研究，尤其是在石化能源短缺与环境污染问题越来越严重的今天。由于斯特林发动机具有不受热源形式限制、运行噪声低、热效率高等突出优点，作为一种几千瓦至几百千瓦的中小功率级别的动力设备，斯特林发动机受到人们的重新审视，或许不久的将来有望在某些领域再次得到应用。

● 凡尔纳的科学幻想成为现实。"诺第留斯"号，又译"鹦鹉螺"号，是凡尔纳经典科幻小说《海底两万里》中的一艘潜水艇（图16-3）。小说里，阿龙纳斯教授跟随尼摩船长乘坐"诺第留斯"号在海底进行了一场既趣味盎然又惊险刺激，充满了浪漫主义的奇幻旅行。他博学多才，沉稳却又内心充满热情，其谜一样的身份和内心对人类主流社会的蔑视、隐恨、愿乘风而去却又不能尽释其牵挂的复杂感情令人久久回味，不能释怀！作为尼摩船长的座驾"诺第留斯"号是完全超越了当时的科技水平的产物。

小说中描述"诺第留斯"号为长70米、宽8米的细长纺锤形潜艇，航行性能极好，最高航速可达每小时50海里。这是一艘理想化的潜艇，船的驱动完全靠电力供给，而电力则是从海水提取钠，将钠与汞混合，组成一种用来替代蓄电池单元中锌元素的合金，再转化成电后取得，并储存在电池里。食物则全部为鱼类、海藻等。所以说能源和船员的生活必需品都来自大海，它完全不需要陆地的补给，可以无限期地在海上航行。"诺第留斯"号内部有巨大的压缩空气储存柜，因此可以连续在海底潜行数天而不需浮上海面。船的内部很宽敞舒适，甚至还有博物馆和图书馆！船的武器是船头的钢铁冲角,凭着船自身的高速和坚固外壳,冲角的威力巨大,小说中最后"诺第留斯"号就是靠它反击敌战舰,"诺第留斯"号高速从战舰的侧面撞了过去,冲角穿透舰身!

图 16-3 潜艇

"诺第留斯"号的动力就来自斯特林发动机。它采用钠与水反应生热,这说明凡尔纳很有科学远见。

今天凡尔纳的幻想成为现实,斯特林发动机就是这种"不依赖空气的动力推进装置",现在已经用在潜艇上了。具有 AIP(无空气推进)系统的潜艇能够延长潜航时间,从而降低潜艇在水面上的暴露率。斯特林发动机由于其闭式循环的工作特点,工作过程中无工质排放,因此非常适合为 AIP 潜艇提供潜航动力。1995 年,世界上第一艘装备斯特林发动机的 AIP 潜艇——瑞典的"哥特兰"号下水,标志着常规动力潜艇进入一个新的时代。随后,德国、俄罗斯、法国和日本也先后研制出装备斯特林发动机的 AIP 潜艇。中国上海船舶研究所也成功研制出四缸双作用潜艇用的斯特林发动机，装在国产常规动力潜艇上。

● 斯特林发动机偶遇现代汽车。这个诞生于两百年前的发动机，在这个时代起着越来越重要的作用，原因正是它所具有的独特优点：和外界没有气体交换。正是因为这一点，使得斯特林发动机的能量损失远远小于现代传统意义上的四冲程发动机。而且这种发动机只需要有热源对其进行加热就能够动起来。全球能源危机，使人们对新能源驱动汽车有了更为迫切的期望。那么，斯特林发动机能代替现在的汽车发动机吗？

《海底两万里》中的阿龙纳斯教授跟随尼摩船长乘坐"诺第留斯"号完成了惊险、刺激的旅行回到了陆地上，他们看到了风驰电掣的汽车排放着黑黑的尾气，整个城市的空中都被层层的烟雾笼罩着，这是雾霾加上了汽车尾气，让人喘不过气、睁不开眼。汽车尾气是一个流动的污染源，每时每刻都在污染着我们的天空，侵蚀着我们的肌体。尼摩船长想如果能用斯特林发动机作为汽车的动力那该多好呀！尼摩船长联想到了"诺第留斯"号采用斯特林发动机作为动力。因为斯特林发动机是通过气体受热膨胀、遇冷压缩而产生动力的。通过气体受热膨胀，汽车产生了动力，得以向前行驶。当发动机冷却下来的时候，气体遇冷压缩，为下一次的受热膨胀进行准备。受热膨胀的动力由转化器转化汽油中的能量来提供。受热冷却系统受汽车内部系统的控制。燃料在气缸外的燃烧室内连续燃烧，通过加热器传给工质，工质不直接参与燃烧，也不用更换。

斯特林发动机适用于各种能源，无论是液态的、气态的或固态的燃料。当采用载热系统（如热管）间接加热时，几乎可以使用任何高温热源。

热气机在运行时，由于燃料的燃烧是连续的，因此避免了类似内燃机的爆震做功和间歇燃烧过程，具有低噪声的优势。

斯特林发动机不排废气，除燃烧室内原有的空气外，不需要其他空气，所以适用于都市环境。

尼摩船长把这种想法告诉了博学多才的阿龙纳斯教授。阿龙纳斯教授说："用各种燃料代替石油，普及环保型汽车，节约能源，是我们每个科学家研究的重要课题。热气机存在的主要问题和缺点是制造成本较高，工质密封技术较难，密封件的可靠性和寿命还存在问题，功率调节控制系统较复杂，机器较为笨重。"

阿龙纳斯教授滔滔不绝地讲着："热气机的未来发展将更多地应用新材料（如陶瓷）和新工艺，以降低造价。对实际循环进行理论研究，完善结构，提高性能指标。在应用方面，大力研究汽车用的大功率燃煤热气机、太阳能热气机和特种用途热气机等。""斯特林发动机还有许多问题要解决，例如膨胀室、压缩室、加热器、冷却室、再生器等成本高，热量损失是内燃机的 2～3 倍等。所以，还不能成为大批量使用的发动机。"

尼摩船长问："那么有用斯特林发动机作汽车发动机的吗？"阿龙纳斯教授回答说："有，日本有。据说很多混合动力汽车就是用斯特林发动机的原理。但是纯斯特林发动机的汽车有一定的缺陷不能克服，所以还没有被大规模应用。"尼摩船长听了阿龙纳斯教授的讲解，了解了斯特林发动机的特点，似乎也明白了现在斯特林发动机还不能完全代替汽车发动机。

斯特林发动机以其独特的优点逐渐被世人所知晓。相信随着科学技术的发展，终有一天，我们能在公路上看见搭载着斯特林发动机的汽车。为了让树木花草更绿更美，让天空更蓝，要减少污染，节约能源，采用新能源。

尽管斯特林发动机在市场上的应用还没有取得普遍成功，但一些权威发明者正在研究这个问题。

● 建一座新能源的发电站。自从 18 世纪初斯特林发明斯特林循环以来，斯特林发动机的发展远不及内燃机等热气机，但是，现在斯特林发动机在太阳能发电领域又如日中天。

碟式太阳能热发电系统主要由一套能够实现双轴转动、自动跟踪太阳位置的碟式抛物面聚光镜系统，含有太阳能集热器的斯特林发动机，发电机及其输电系统组成。工作时，碟式太阳能热发电系统将太阳光的能量用碟式抛物面聚光镜收集，并将其反射到聚光镜的焦点位置处，聚得集中、高温、高热流密度的热量，驱动安放在聚光镜焦点位置附近的太阳能斯特林发动机，从而带动发电机进行发电。我国首座碟式斯特林光热电站于2012年9月份正式完工。

● 碟式斯特林太阳能热发电装置系统原理。典型的碟式斯特林太阳能热发电系统主要由碟式聚光器、太阳光接收器、斯特林发动机（热气机）和发电设备组成。其中接收器、斯特林发动机（热气机）与发电设备组成的整体通常称为能量转换单元。装置中设计有转向机构，通过调节聚光碟的仰角及水平角度跟踪太阳，保证聚光镜正对太阳获得最多的太阳能，如图16-4所示。运行时，太阳光经过碟式聚光镜聚焦后进入太阳接收器，在太阳光接收器内转化为热能，并成为热气机的热源推动热气机运转，再由热气机带动发电机发电。

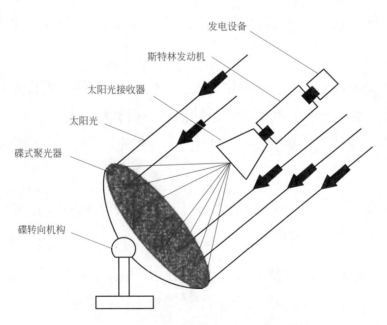

图16-4　碟式斯特林太阳能热发电装置系统

太阳能是真正的清洁能源,强大的碟式斯特林太阳能热发电装置真有前途。图 16-5 所示为斯特林发动机应用于太阳能热发电。

图 16-5　斯特林发动机应用于太阳能热发电

尽管斯特林机发动机比蒸汽机早,但因为材料限制其功率不能满足需要,后来被蒸汽机取代,蒸汽机又被燃廉价石油的内燃机取代。斯特林发动机的热衷者们从来没有放弃对它的研究,他们的热情来源于斯特林发动机的燃料适应性和相对的简单、高效、低污染的巨大优势。在太阳能等新兴能源大力发展的今天,斯特林发动机也迎来了发展的春天。就其作为太阳能热发电应用来说,它既可以单台工作,也可以多台联合工作,为偏远地区供电,解决最实际的问题。在国外,尤其是非洲,很多地区都没有电力,但拥有丰富的太阳能资源,所以其应用市场广阔。

儒勒·凡尔纳,是 19 世纪法国著名小说家、剧作家及诗人。凡尔纳一生创作了大量优秀的文学作品,他的作品对科幻文学流派有着重要的影响,因此

被一些人称作"科幻小说之父"。而随着 20 世纪后叶对凡尔纳研究的不断深入以及原始手稿的发现,科幻学界对于凡尔纳的认识也在趋于多样化。《海底两万里》是儒勒·凡尔纳三部曲的第二部,叙述了法国生物学者阿龙纳斯在海洋深处旅行的故事。故事发生在 1866 年,当时海上发现了一只被断定为独角鲸的大怪物,他接受邀请,参加追捕,在追捕过程中不幸落水,泅到怪物的脊背上。其实这怪物不是什么独角鲸,而是一艘构造奇妙的潜艇。潜艇船长尼摩邀请他进行海底旅行。他们从太平洋出发,经过珊瑚岛、印度洋、红海、地中海进入大西洋,看到许多罕见的海生动植物和水中的奇异景象,又经历了许多危险,最后,当潜艇到达挪威海岸时,阿龙纳斯不辞而别,把他所知道的海底秘密公之于世。

斯特林发动机是英国物理学家罗巴特·斯特林于 1816 年发明的,它通过在外部制造温度差,带动气缸内的气体,经过冷却、压缩、吸热、膨胀为一个周期的循环来输出动力。无论是热水还是冰水,都能保证发动机的持续转动。

参考文献

[1] 吴国盛. 科学的历程 [M]. 长沙: 湖南科学技术出版社, 2013.

[2] 张策. 机械工程史 [M]. 北京: 清华大学出版社, 2015.

[3] 张春辉, 游战洪, 吴宗泽, 等. 中国机械工程发明史 [M]. 北京: 清华大学出版社, 2004.

[4] 毕尚, 风华. 百位世界杰出的发明家 [M]. 北京: 中国环境科学出版社, 2007.

[5] 贺旋. 科学家的故事 [M]. 北京: 中国少年儿童出版社, 2009.

[6] 叶永烈. 叶永烈讲述科学家故事100个 [M]. 武汉: 湖北少年儿童出版社, 2009.

[7] 徐榕. 瓦特——科学家的故事 [M]. 上海: 华东师范大学出版社, 2006.

[8] 谢建南. 蒸汽机发明者瓦特 [M]. 长春: 北方妇女儿童出版社, 2010.

[9] 纪江红. 世界100伟大发明发现 [M]. 北京: 北京少年儿童出版社, 2007.

[10] 徐德清. 震惊世界的发明 [M]. 北京: 蓝天出版社, 2011.

[11] 刘家冈, 李俊清, 王本楠. 物理学家的技术发明案例分析——法拉第发明电动机和发电机的启示 [J]. 物理与工程, 2012, 22 (05): 47-49.

[12] 禹田. 发明发现故事全知道 [M]. 北京: 同心出版社, 2006.

[13] 萧治平. 钟表技术: 原理·装配·维修 [M]. 北京: 中国轻工业出版社, 2008.

[14] 束炳如, 倪汉彬, 杜正国, 等. 物理学家传 [M]. 长沙: 湖南教育出版社, 1985.

［15］阿西莫夫. 我们怎样发现了——电［M］. 次庚，译. 北京：地址出版社，1984.

［16］宋时雁，孙强，马丹红. 集大成的水运仪象台［J］. 百科探秘（海底世界），2019（Z2）：81-84.

［17］中国科学院自然科学史研究所. 中国古代重要科技发明创造［M］. 北京：中国科学技术出版社，2016.

［18］陆敬严. 中国古代机械文明史［M］. 上海：同济大学出版社，2012.